带钵移栽水稻秧盘制备

张欣悦 著

中国农业大学出版社
·北京·

内 容 简 介

全书包括两大部分内容。第一部分，关于水稻的相关知识，主要对水稻起源、种类划分、种植区分布和栽植技术进行概括性的介绍。第二部分，关于带钵移栽水稻秧盘制备的系列研究，在阐述研究背景、研究目的和意义的基础上，介绍水稻秧盘的种类、制备技术及应用情况，着重介绍带钵移栽水稻秧盘制备的系列研究，最后介绍了带钵移栽水稻秧盘的实际应用示范情况及效益分析。

图书在版编目(CIP)数据

带钵移栽水稻秧盘制备 / 张欣悦著. —北京：中国农业大学出版社，2017.12
ISBN 978-7-5655-1954-3

Ⅰ.①带… Ⅱ.①张… Ⅲ.①水稻栽培-机械化栽培 Ⅳ.①S511.048

中国版本图书馆 CIP 数据核字(2017)第 307339 号

书　名 带钵移栽水稻秧盘制备
作　者 张欣悦 著

策划编辑 梁爱荣　**责任编辑** 洪重光
封面设计 郑 川
出版发行 中国农业大学出版社
社　址 北京市海淀区圆明园西路 2 号　**邮政编码** 100193
电　话 发行部 010-62818525,8625　读者服务部 010-62732336
编辑部 010-62732617,2618　出 版 部 010-62733440
网　址 http://www.caupress.cn　**E-mail** cbsszs@cau.edu.cn
经　销 新华书店
印　刷 涿州市星河印刷有限公司
版　次 2017 年 12 月第 1 版　2017 年 12 月第 1 次印刷
规　格 787×1 092　16 开本　13.25 印张　170 千字
定　价 48.00 元

前　言

如何提高水稻的产量和品质是当今国内外水稻生产的研究热点，有着广阔的研究前景。提高水稻产量和品质的途径有两种方式：一是研发或改良水稻品种；二是革新水稻栽植方式。水稻品种的研发或改良是需要经过水稻栽培专家辛苦钻研和不懈努力才可能实现的，特别是研究适合寒冷气候的水稻品种更是难上加难，因此在寒冷地区水稻生产的攻关方向是栽植方式的革新。水稻传统的栽植方式费时费力费工，大面积种植需要投入大量的人力和物力。随着科学技术的不断发展，水稻种植方式有了很大的改变，机械化程度不断提高。水稻钵育苗栽植技术被公认为是世界上最先进的水稻栽植技术，该技术存在的推广问题是专属钵育秧盘成本高，且配套栽植机的结构复杂、价格昂贵，虽然增产效果明显，但生产成本投入过高，稻农不易接受，不适宜大面积推广。

本书正是为了解决水稻钵育苗栽植技术推广难度高的问题，展开了带钵移栽水稻秧盘制备技术的系列研发，研究对象是带钵移栽水稻秧盘。该类型秧盘以水稻秸秆为主原料，同时辅以黏合剂和其他添加剂经特殊制备工艺研制而成。此秧盘最大的特色是生产原料来源广泛且可以任意配套使用现有水稻栽植机，减轻稻农的机械投入负担。在不增加水稻生产成本的基础上，实现了水稻钵育苗栽植的机械化构想。

全书包括两大部分内容。第一部分，关于水稻的相关知识，主要对水稻起源、种类划分、种植区分布和栽植技术进行概括性地介绍。第二部分，关于带钵移栽水稻秧盘制备的系列研究，在阐述研究背景、研究目的和意义的基础上，介绍水稻秧盘的种类、制备技术及应用情况，着重介绍带钵移栽水稻秧盘制备的系列研究，最后介绍了带钵移栽水稻秧盘的实际应用示范情况及效益分析

对于实现水稻钵育苗栽植技术，带钵移栽水稻秧盘制备具有重大的研究意义。它是水稻钵育苗栽植技术的核心，为实现水稻生产全程机械化提供了基础保障。本书的内容是作者对硕士和博士攻读期间以及工作至今科研工作的总结和梳理，由于研究时间跨度长和实际条件的限制及自然条件的影响，在试验数据的采集和处理方面有所欠缺，只能在界定的研究条件下进行试验研究。鉴于带钵移栽水稻秧盘制备的研究处于起步探索和创新阶段，作者对秧盘性能的研究只有较优评价，制备工艺是基于应用过程中显露的实际问题不断进行改进和革新的，并没有进行系统翔实地理论分析研究；加之作者的研究阅历和工作经验欠佳，研究深度和广度不足在所难免，期望本书能得到更多的批评和指教。

全书在大量研究分析中引用和借鉴了国内外许多学者的相关研究成果，这些成果对本研究起到了巨大的支撑作用，作者在此表示由衷地感谢和敬意！作者特别要感谢博士导师汪春教授，在研究过程中给予大力的支持和科研工作的引导；感谢工作单位黑龙江八一农垦大学工程学院的各位领导及同事的帮助与鼓励；感谢同门师弟师妹们在研究工作和试验上的鼎力协作；感谢出版社让本书如期出版。最后在此一并感谢在研究及示范推广过程中给予帮助的所有朋友们。

著　者

2017 年 10 月

目　录

第一部分　水稻 …… 1

第 1 章　水稻起源 …… 3

1.1　概述 …… 3

1.2　水稻生长习性 …… 4

1.3　品种演变 …… 5

第 2 章　水稻种类划分 …… 6

第 3 章　水稻种植区分布 …… 9

3.1　华南双季稻稻作区 …… 10

3.2　华中单双季稻稻作区 …… 10

3.3　西南高原单双季稻稻作区 …… 11

3.4　华北单季稻稻作区 …… 11

3.5　东北早熟单季稻稻作区 …… 11

3.6　西北干燥区单季稻稻作区 …… 12

第 4 章　水稻栽植技术 …… 13

4.1　水稻直播技术 …… 13

4.2　水稻移栽技术 …… 16

参考文献 …… 17

第二部分　带钵移栽水稻秧盘制备 …… 19

第 5 章　绪　论 …… 21

5.1　研究背景 …… 21

5.2　研究目的和意义 …… 23

5.3 核心研究内容 …… 25
5.4 研究课题来源 …… 26
第6章 水稻秧盘的种类和制备 …… 27
6.1 水稻毯育秧盘 …… 28
6.1.1 水稻毯育纸盘 …… 29
6.1.2 水稻毯育塑盘 …… 30
6.2 水稻钵育秧盘 …… 33
6.2.1 水稻钵育抛栽秧盘 …… 34
6.2.2 水稻钵育摆栽秧盘 …… 37
6.3 水稻毯钵秧盘 …… 40
第7章 带钵移栽水稻秧盘的设计构想 …… 42
7.1 设计理念 …… 43
7.2 设计思想 …… 44
7.3 秧盘原料概述 …… 45
7.3.1 农作物秸秆再利用现状 …… 45
7.3.2 农作物秸秆的组成 …… 48
7.4 制备工艺 …… 49
7.4.1 模压工艺 …… 49
7.4.2 模塑工艺 …… 50
7.5 黏合剂概述 …… 50
7.5.1 分类方法 …… 51
7.5.2 几种常见的黏合剂介绍 …… 52
7.6 本章小结 …… 53
第8章 带钵移栽秧盘制备研究初探 …… 55
8.1 成型制备难度分析 …… 55
8.2 制备工艺初选 …… 55
8.3 黏合剂的对比和制备工艺的探索性试验 …… 57

8.3.1 试验设备 …… 57
8.3.2 试验原料 …… 57
8.3.3 黏合剂A和B的成型试验 …… 57
8.3.4 黏合剂C的成型试验 …… 60
8.3.5 黏合剂D的成型试验 …… 62
8.3.6 黏合剂E的成型试验 …… 64
8.3.7 黏合剂的选取 …… 66
8.4 单因素验证试验 …… 67
8.5 本章小结 …… 68
第9章 带钵移栽水稻秧盘热模工艺研究 …… 70
9.1 试验装置 …… 70
9.1.1 试验装置组成 …… 70
9.1.2 试验装置性能测试 …… 71
9.2 带钵移栽水稻秧盘尺寸设计 …… 75
9.3 试验材料准备 …… 76
9.4 带钵移栽水稻秧盘成型试验 …… 76
9.5 带钵移栽水稻秧盘热模工艺参数的单因素试验 …… 79
9.5.1 施胶量对成型性能的影响 …… 79
9.5.2 固化剂对成型性能的影响 …… 80
9.5.3 添加剂对成型性能的影响 …… 82
9.5.4 混料重对成型性能的影响 …… 83
9.5.5 模具温度对成型性能的影响 …… 84
9.5.6 保压时间对成型性能的影响 …… 86
9.5.7 单因素试验小结 …… 87
9.6 带钵移栽水稻秧盘热模工艺参数的裂区正交试验 …… 88
9.6.1 试验设计方案 …… 88
9.6.2 裂区正交试验方案及试验结果 …… 89
9.6.3 试验结果的方差分析 …… 91

9.6.4 贡献率分析 …… 96
9.6.5 试验因素分析 …… 97
9.6.6 较优参数选择 …… 107
9.6.7 裂区正交试验小结 …… 107
9.7 不同脱模剂和添加剂对带钵移栽水稻秧盘性能影响试验 …… 108
9.7.1 脱模剂概述 …… 108
9.7.2 试验内容 …… 110
9.7.3 性能试验小结 …… 114
9.8 热模工艺工厂化生产 …… 114
9.9 本章小结 …… 115
第10章 带钵移栽水稻秧盘冷模工艺研究 …… 118
10.1 带钵移栽水稻秧盘结构设计 …… 118
10.1.1 横向尺寸设计 …… 118
10.1.2 单行钵孔总数 …… 119
10.1.3 单穴钵孔 …… 119
10.1.4 立边厚度 …… 121
10.1.5 纵向尺寸设计 …… 122
10.1.6 透水孔孔径 …… 126
10.1.7 结构强度分析 …… 126
10.1.8 结构设计 …… 128
10.2 冷模工艺成型系统设计与试验 …… 129
10.2.1 设计要求 …… 129
10.2.2 工作过程 …… 129
10.2.3 成型系统组成 …… 130
10.2.4 混料搅拌装置设计与试验 …… 130
10.2.5 辊压成型装置设计 …… 139
10.3 成型工艺及参数优化 …… 154

10.3.1 成型工艺流程 …… 154
10.3.2 影响因素和考核指标 …… 154
10.3.3 结果与分析 …… 155
10.3.4 工艺参数优化 …… 158
10.3.5 试验验证 …… 161
10.4 本章小结 …… 161
第11章 带钵移栽水稻秧盘模塑工艺研究 …… 164
11.1 气吸式真空成型的工作过程 …… 164
11.2 成型模具材料 …… 165
11.3 带钵移栽水稻秧盘的结构参数 …… 166
11.4 成型机总体设计 …… 167
11.4.1 设计要求 …… 167
11.4.2 整机结构设计 …… 167
11.4.3 工作原理 …… 168
11.5 成型系统的设计 …… 169
11.5.1 设计方案 …… 169
11.5.2 工作原理 …… 169
11.5.3 成型模具的设计 …… 170
11.5.4 模具材料的选择及热处理技术 …… 172
11.5.5 配气系统的选择 …… 172
11.5.6 传动机构的设计 …… 173
11.5.7 滚筒的设计 …… 182
11.5.8 纸浆池的设计 …… 183
11.6 运动仿真 …… 183
11.6.1 定义连杆机构 …… 183
11.6.2 设置运动副 …… 184
11.6.3 设置耦合副 …… 185
11.6.4 解算方案 …… 186

11.7 气吸式真空成型秧盘生产线设计 …………………… 187
11.8 本章小结 …………………………………………… 188
第12章 带钵移栽水稻秧盘应用示范情况及效益分析 ………… 190
12.1 应用示范情况 ………………………………………… 190
12.2 效益分析 …………………………………………… 192
12.2.1 经济效益 ……………………………………… 192
12.2.2 社会效益 ……………………………………… 192
12.2.3 生态效益 ……………………………………… 193
参考文献 ………………………………………………… 194

第一部分　水稻

第 1 章　水稻起源

第 2 章　水稻种类划分

第 3 章　水稻种植区分布

第 4 章　水稻栽植技术

第1章　水稻起源

1.1　概述

水稻收获后，籽粒脱去颖壳，再经碾磨抛光后，即可获得我们日常餐桌上最为常见的大众主食——大米。大米的食用方法，因世界各地习俗的不同而变得多种多样，在我国除了直接烹饪食用外，大米还可以作为主要原料用来酿造米酒和调味醋等食用品，毋庸置疑水稻是一种经济型粮食作物。

世界上的大多数人口都靠大米为生，自古以来世界各地均有种植水稻的历史。但是，最初是谁发现这种作物可以食之饱腹并开始种植水稻的呢？

依据查找的相关资料，水稻是一个极其古老的作物。据考古学家发现，中国南方种植水稻已有七千多年的历史。在2016年11月9日举行的“第54期中国科技论坛——中国稻作起源地学术研讨会”上，学术各界的科学家们集中研讨了“水稻起源于中国”这一学术论说，又将水稻的种植起源向前推进了3 000年。因为农业考古学家们发现了一万年前的人工种植稻原始遗址，主要发现地区是在江西万年仙人洞——吊桶环遗址、湖南道县玉蟾岩遗址、浙江浦江上山遗址等。简言之,世界水稻种植起源于中国。

(信息来源:科技日报社——中国科技网(北京)原标题“中国栽植水稻起源于一万年前”)

1.2 水稻生长习性

水稻是一年生禾本科植物,叶长而扁,圆锥花序由许多小穗组成,可根据叶龄诊断其生长期。全国不同的土壤地区,均有水稻种植,这说明水稻生长对土壤的要求并不严格。

水稻是一种喜湿作物,因此水稻生长周边环境必须有充足的水源,这是水稻种植最基本的环境条件。同时,水稻亦是喜温作物,水稻生长对温度的要求较高。以北方寒区水稻为例,移栽前水稻秧苗生长在温室大棚内,处于不同时期对大棚温度有着不同的要求。①浸种温度控制在11～12℃,浸种时间7～8天(需积温80～100℃),若使用烘干的种子则浸种时间应延长,至少延长1～2天。通过30～32℃高温破胸、25℃适温催芽。②种子根发育期,棚温控制在30～32℃,最低温度不低于10℃。③第一完全叶伸长期,棚温一般控制在22～25℃,最高温度不超过28℃,最低温度不低于10℃。④离乳期,最高温度不超过25℃,最低温度不低于10℃。⑤第四叶长出期,温度应控制在17～20℃,棚内最高温度不宜超过20℃。

图1-1 水稻生长

移栽到水田后,在灌浆结

实过程，以日平均温度 20℃以上为好。温度低，灌浆速度变慢，日平均气温降至 15℃以下，植株物质生产能力停止，这是水稻安全成熟的界限。日平均气温降至 13℃以下，光合产物停止运转，灌浆随之停止，这是水稻成熟的晚限。

1.3　品种演变

中国是最早开始有文字记载水稻品种的国家。古代水稻种植场景如图 1-2 所示。

史书《管子·地员》中记录了古代水稻的 10 个品种名称和各自适宜种植的土壤条件，而且历代农书中，包括一些古诗文著作中也记录着当时水稻种植的品种名称。

(图片来源: 中青在线)

图 1-2　古代水稻种植场景

宋代出现了专门记载水稻品种及水稻种植特性的著作——《禾谱》，那时各种地方志中也开始大量记载水稻的地方品种，已有籼稻、粳稻和糯稻的品种分类；根据地域不同，早稻、中稻和晚稻品种齐全。到明、清时期，水稻品种分类的记录更为详细，较为著名的书籍是明代的《稻品》。

不同历史时期，通过自然品种的变异和人工筛选的培育等途径，人类不断地培育具有特殊性状的水稻品种，如：①具有浓郁香味的香稻；②适合酿酒使用的糯稻；③种早熟品种；④耐低温、耐旱和耐盐碱土壤等特殊条件的品种等等。几千年来经过变异和筛选，水稻品种被保存下来有 3 万多种。

(信息来源：360 百科网，https://baike.so.com/doc/6959418-7181929.html)

第2章　水稻种类划分

全世界的水稻科学家们一直在不断地研发和培育水稻新品种，目前水稻种类很难估算出具体数量。按照划分方法的不同，水稻是多种多样的，接下来介绍几种较为常见的划分方法。

(1)根据稻米中淀粉成分含量的不同，可以划分为糯稻和非糯稻两种。淀粉含量直接影响到米粒的黏性强弱，米粒黏性强，说明淀粉结构以支链淀粉(amylopectin)为主，一般称为糯稻；而米粒黏性弱，说明淀粉结构以直链淀粉(amylose)为主，一般称为非糯稻。

(2)根据水稻生长气候和种植地区的不同，可以划分为籼稻(Indica rice)和粳稻(Japonica rice)两种。

• 籼稻——籼稻去壳成为籼米(图 2-1a)后，米粒外观细而长、透明度较低，煮熟后的米饭口感偏松且较干。籼米中含有 20%左右的直链淀粉，属中黏性。籼稻耐热性好，目前在我国的种植区主要分布在华南的热带和淮河以南的亚热带气候区，整个籼稻生长周期短，在无霜期长的地区一年可多次成熟。籼稻是由野生稻经过品种培育而来的。

• 粳稻——粳稻去壳成为粳米(图 2-1b)后，米粒外观圆而短、呈透明状，煮熟后的米饭口感黏而糯，香气四溢。粳米中直链淀粉较少，低于 15%。粳稻耐寒性好，目前在我国的粳稻种植区主要分布在温带

a. 籼米

b. 粳米

图 2-1 稻米品种

和寒带气候区，粳稻生长周期偏长，一般属于一年一季成熟。粳稻是经过人类由南向北培育转化，逐渐适应低温气候变异而来的。

籼稻和粳稻各自品种特性的不同，造成二者种植时所需生态条件的不同，尤其是对于温度条件的要求不同，从而形成了两种气候生态型。由于中国地处多种气候带地区，因此在全世界范围内，中国是唯一一个既拥有籼稻种植区，又有粳稻种植区的国家，而且面积广泛，地理位置分布明显。

(3)根据对光照反应灵敏程度的不同，可以划分为早稻、中稻和晚稻。全世界不同地区，太阳光照的强度和光照时间都是不同的，会产生对光照反应灵敏程度不同的水稻种类。其中，在全年各个季节的不同光照条件下，可以正常成熟的是早稻和中稻，因为它们对光照反应不敏感；而在短日照条件下，晚稻通过光照抽穗结实，晚稻表现出对光照的敏感性。

(4)根据水稻的生长条件，按照水分灌溉程度可以划分为旱稻和水稻。旱稻，耐旱性较好，尤其在半山区、山区和少雨旱地等地区表现出明显的品种优势。目前由于全球水资源的短缺，水稻专家倾向于水稻旱作的研究，培育出很多具有耐旱性的品种，可节省农田灌溉用水。水稻与旱稻相比，对于水资源的需求相对多了一些，水稻田一般分布在水资源丰富的水库地区或地下水资源相对丰富的地区。

按照综上划分方法所述，总结水稻种类的特点是，南方稻是以直链淀粉为主的籼稻，栽植方式以水作为主，耐热性较强；北方稻是以支链淀粉为主的粳稻，栽植方式以旱作为主，耐冷性较强。

第3章 水稻种植区分布

水稻的生长习性是属于喜温好湿的短日照农作物。影响水稻种植区分布和划分的主要生态因子是“年≥10℃”的积温、水资源和日照时数等等。一般划分为：

①积温在2 000～4 500℃的地区，一般适合种植一季稻；积温在4 500～7 000℃的地区，一般适合种植多季稻，其中5 300℃是双季稻的积温安全限；积温在7 000℃以上的地方可以种植三季稻。

②水分影响水稻布局，水资源的不同分布，影响着水稻栽植方法的不同。

③日照时数关系着水稻品种的分布和水稻的生产能力。

④海拔高度的不同，通过气温变化体现着对水稻分布的影响。

⑤水稻是一种喜酸性作物，对土壤的酸碱度要求偏酸性，或接近中性，且具有良好的保水保肥能力，并具有渗透性。目前，有些水稻专家致力于盐碱性土壤的水稻种植研究。

全世界水稻主要的生长区域是中国南方（包括台湾）、中国北方沿河地区（最极限是黑龙江省呼玛），国外的日本、朝鲜半岛、南亚、地中海沿岸、美国东南部、中美洲、大洋洲和非洲部分地区。也就是说，除了极寒之地，全世界几乎大部分地方都有水稻的种植生长。接下来针对我国的水稻种植区域划分介绍如下。

中国水稻种植区可分为 6 个稻作区：

3.1 华南双季稻稻作区

该稻作区是我国的最南部，位于南岭以南。包括福建、广东、广西、云南的南部以及台湾、海南和南海诸岛全部。稻田分布于沿海平原和山间盆地，热带气候明显。

根据“年≥10℃”的积温不同分为三个区：①“年≥10℃”积温在 5 800～7 000℃的区一年只种一季稻，以籼稻为主，地形复杂，气候种类多样。②“年≥10℃”积温在 6 500～8 000℃的区，比较适合双季稻的种植，以籼稻为主，大部分地方无明显的冬季气候特征。③“年≥10℃”积温在 8 000～9 300℃的区，一年当中可以随时种植水稻，但一般这个地区受台风影响最大，一年适宜 3 季稻，以籼稻为主，如海南省。

3.2 华中单双季稻稻作区

该稻作区东起东海，西至成都平原，南至南岭，北至秦岭、淮河。包括江苏、上海、浙江、安徽、湖南、湖北、四川、重庆以及陕西和河南南部，是我国最大的水稻种植区，属于亚热带温暖湿润季风性气候。

根据“年≥10℃”的积温不同分为三个区：①“年≥10℃”积温在 4 500～5 500℃，大部分地区存在着种植一季有余而又不足两季的情况，一般采取复种模式即“先籼后粳”。②“年≥10℃”在 4 500～6 000℃，此稻作区以籼稻为主，但部分山区也分布着粳稻种植。③“年≥10℃”在 5 300～6 500℃，均以籼稻为主，根据地势分布，稻作区主要集中在平原地区和丘陵地区。

3.3　西南高原单双季稻稻作区

该稻作区地处云贵高原和青藏高原，包括湖南、贵州、广西、云南部分地区，四川、西藏、青海等地区，属亚热带高原型湿热季风气候。由于海拔不同，垂直气候差异明显，一般稻作区分布在山间盆地、坝地、梯田等。

根据“年≥10℃”的积温不同分为两个区：①“年≥10℃”的积温在3 500～5 500℃，大部分稻作区为一熟中稻或晚稻，水稻种植根据地势高低分为海拔高地种植粳稻和海拔低地种植籼稻；②“年≥10℃”的积温在3 500～8 000℃，由于本稻作区旱季较长，影响了水稻的复种方式，因此采取水稻与其他作物轮作的方式，此稻作区是世界上最高海拔的水稻种植，海拔可达到2 700 m左右。

3.4　华北单季稻稻作区

该稻作区位于秦岭、淮河以北，长城以南，关中平原以东，包括北京、天津、山东、河南、河北、山西、陕西、江苏和安徽的部分地区，属暖温带半湿润季风气候。

该地区“年≥10℃”积温在3 500～4 500℃之间，冬季和春季比较干旱，夏季和秋季比较多雨湿润，在北部的北京和天津稻作区多为一季粳稻，在黄淮区多为籼稻-小麦混种。

3.5　东北早熟单季稻稻作区

该稻作区位于辽东半岛和长城以北，大兴安岭以东，包括黑龙江、吉林、辽宁和内蒙古等省(自治区)，是我国纬度最高的稻作区，属寒温带、暖温带、湿润和半干旱季风气候。

该稻作区的“年≥10℃”积温少于3 500℃，由于全年冬季较长气温低，在水稻开始育秧期常出现低温冷害，水稻品种一般是耐旱性和耐寒性良好的粳稻。随着水稻品种的改良和水稻种植技术的发展，寒地粳稻栽植技术体系迅速发展。我国最北部大面积种植水稻的省份是黑龙江省，以品质优良的粳稻著称。

3.6 西北干燥区单季稻稻作区

该稻作区位于大兴安岭以西，长城、祁连山与青藏高原以北，银川平原、河套平原、天山南北盆地的边缘地带。包括新疆、宁夏、甘肃、内蒙古和山西大部分地区，青海省的北部和日月山东部，陕西、河北的北部和辽宁的西北部。属半湿润半干旱季风气候和温带暖温带大陆性干旱气候。

该稻作区的“年≥10℃”积温为2 000～5 400℃，常年降雨量少，该地区还存在有水稻生长的三大障碍：干旱、沙尘和盐碱土，水稻种植必须依靠灌溉，大多数是以一年一熟耐旱性的粳稻或稻麦混作一年两熟。

（信息来源：互动百科（www. baike. com）和百度文库（www. wenkubaidu. com））

第4章 水稻栽植技术

查阅相关资料，根据水稻生长初期秧苗的生长模式划分水稻栽植技术，主要分为两种：一种是水稻直播技术，另一种是水稻育秧移栽技术（简称水稻移栽技术），世界上种植水稻的国家根据本国地域特点，广泛应用或兼用着这两种水稻栽植技术。

4.1 水稻直播技术

水稻直播技术是将水稻种子通过人工或机械直接播种到土壤里的一种栽植方法。采用水稻直播技术的国家主要包括美国、澳大利亚、意大利及其他欧美发达国家，在全世界范围内以美国直播机械化水平最高为代表。

在北美地区，美国是主要水稻生产国，目前已基本实现了水稻100％机械化直播栽植，其中80％采用机械化旱直播，20％采用飞机撒播。美国使用大型激光平地机对土地进行整地作业，以满足水稻直播技术对整地的高要求。同时，杂草生长的控制和处理是应用水稻直播技术时最需要解决的关键问题。

在欧洲地区，意大利是主要水稻生产国，占欧洲水稻总产量的

40%。意大利的水稻生产中98%采用机械化直播技术。在正常气候条件下,欧洲水稻栽植一般都是在每年的4月中旬机械化播种,9月底进行机械化收获。

在亚洲地区,印度是采用水稻直播技术种植面积最大的国家,而斯里兰卡和马来西亚是水稻直播种植比例最大的国家。日本是水稻直播技术研究较早的国家,日本水稻直播技术推广顶峰时期为1969—1974年,至此之后由于各种原因水稻直播面积有所减少。在20世纪90年代,日本开发了多种水直播机和旱直播机,且相应配套的机械也比较成熟。如:针对控制杂草生长的问题,日本曾研发了环保型直播机,它是利用覆盖膜帮助遮挡太阳光,防止土壤水分蒸发同时还可以抑制杂草的生长,覆盖膜采用环保材质,水稻成熟收获后覆盖膜可自行在土壤中分解掉,避免造成覆盖膜对土壤的污染破坏。韩国是亚洲中水稻直播技术比较成熟的国家,韩国的水稻直播技术采用机械化播种,通过采取有效的保苗、防倒伏、除杂草、防苗病以及家庭小型机械化配套措施,使水稻直播的作业生产大大降低了劳动用工量,解放了大量劳动力,适合韩国水稻栽植的基本国情。韩国为了提高水稻生产效率和水稻生产机械化水平,降低水稻栽植成本,开始在大型家庭式农场推广水稻直播技术。据相关资料记载,1999年韩国推广水稻直播技术的种植面积占全国水稻种植面积的7%左右。

在中国,水稻直播技术是一项传统水稻栽植技术,具有上千年的历史。中国的水稻直播技术分为旱直播技术和水直播技术两种类型[1]。

(1)旱直播技术——是指在干燥或土壤水分低于田间持水量的水稻田土壤中直接使用水稻干种子进行水稻种植。这种播种方式具有播种期范围宽、节水省工等特点。

(2)水直播技术——是指在水稻田土壤水分饱和而无积水的地块里使用已经催好芽的水稻种子进行水稻栽植。这种播种方式具有出苗快、出苗齐等特点。

采用水稻直播技术进行水稻栽植时,通常采用三种方法:撒播、点播和条播。

(1)撒播——是指一种粗放式的直播方法,一般是直接将水稻种子撒落到未经过精细整理的水稻田,然后使用长扫帚或平板轻拍水田表面种子,使种子与土壤充分接触。这是相对久远的直播方法,采取这种播种方法会出现出苗不齐和不匀,秧苗根系入土浅,后期倒伏严重等现象,很难保证水稻的产量稳定和提高。

(2)点播——是指在水稻种植时用竹竿或是其他特制工具,在水稻田里先挖掘出固定深度的穴孔,接着播入水稻种子,最后再将穴孔使用细土覆盖或均匀抹平。这种点播的方式可以解决撒播方法种子入土浅和浇水后种子漂移或聚堆等问题,而且可以保证行距和株距,并可以任意调节。但是这种方法投入人工多,劳动强度大,播种效率低,适合小面积的水稻种植。

(3)条播——是指在整理过的水稻田利用人工或条播机进行一次性地开沟、播种、覆土等水稻播种作业。这种条播方法播种的深度一般都是可控的,在一定程度上可实现机械化直播和保证不缺苗。

我国的水稻直播历史虽然悠久,但水稻直播综合技术还不够成熟,水稻产量不稳定且受气候变化幅度影响较大。水稻的喜温特性导致直播技术不适合我国北方寒区的水稻种植,应用水稻直播技术的地区主要分布在新疆及长江中下游地区。

综合分析水稻直播技术的特点如下。

优点:①作业生产效率高;②生产劳动强度低;③生产成本低;④便于规模化和机械化栽植,适合发达国家耕地面积大、劳动力稀缺的基本国情。

缺点:①直播技术对水稻品种的要求高,直播稻的种子必须是经过严格考查筛选且具有优质、高产和抗病等特性的良种,同时还要具有耐低温、抗低氧和发芽能力强等特点;②直播技术必须配套有相应完善的杂草控制技术和除草技术,否则对水稻产量影响巨大,甚至造成绝产等不可估量的严重问题。

4.2 水稻移栽技术

水稻移栽技术是将芽种通过人工或机械化的方式播种在种床上的水稻秧盘里生长，在育秧期结束后再经人工或机械移栽到水稻田里的一种栽植方法(图 4-1)。

a. 人工移栽　　b. 机械移植

图 4-1　水稻移栽技术

这种栽植技术可以培育出壮苗，并且在寒带地区通过温室大棚育秧移栽，可以抢占农时，保证水稻生长质量进而提高产量。采用水稻移栽技术的国家主要分布在亚洲地区，最具有代表性的国家是日本和韩国，其中日本的移栽技术在全世界种植水稻的国家中是最先进的。

在了解了第一部分介绍的水稻相关知识基础上，开始对水稻移栽技术的核心——水稻秧盘进行梳理研究，关于水稻移栽技术及水稻秧盘的研究将在第二部分的相关章节进行详细叙述。

参考文献

[1] 唐磊. 水稻不同水直播栽植方式生产力研究[D]. 扬州:扬州大学硕士论文,2013.

[2] 亢四毛，陈益平. 水稻直播栽培技术[J]. 安徽农学通报，2006，12(6)：89.

[3] 赵镛洛，张云江，王继馨. 韩国水稻直播栽培技术简介[J]. 黑龙江农业科学，2004,(4)：42～44.

[4] 陈翻身，许四五. 水稻直播栽培三个技术瓶颈问题形成原因及对策[J]. 中国稻米，2006(2)：33～34.

[5] 陈万胜. 浅谈水稻直播栽培的三大难点及对策[J]. 中国稻米，2001，1：33.

[6] 王文彻. 水稻直播的生育特点、栽培技术、存在问题及应对措施[J]. 安徽农学通报，2003，9(4)：39～42.

[7] 袁钊和，陈巧敏，杨新春. 论我国水稻抛秧、插秧、直播机械化技术的发展[J]. 农业机械学报，1998，9(3)：181～183.

[8] 徐一戎，邱丽莹. 寒地水稻旱育稀植三化栽培技术图历[M]. 哈尔滨:黑龙江科学技术出版社，1996.

[9] 中国农业机械化信息网. 日韩水稻生产机械化发展情况考察报告. 2006-11-2.

[10] 王小宁. 日本的水稻生产及对我们的启示[J]. 科技与经济，1998(5)：30～32.

[11] 赴韩水稻生产机械化技术考察团. 韩国水稻生产机械化技术考察报告[J]. 外面世界，2001(1)：22～23.

[12] 罗光朝. 韩国水稻生产机械化考察见闻[J]. 农业技术与装备. 1998(2)：32.

[13] 金京德. 浅谈日本水稻生产概况及吉林省水稻生产发展方向[J]. 吉林农业科学，2000，25(5)：18～22.

[14] 潘国君，冯雅舒. 日本水稻钵育大苗技术[J]. 世界农业，1989(11)：21～22.

[15] 赴韩水稻生产机械化技术考察团. 韩国水稻生产机械化技术考察报告[J]. 外面世界，2001(1)：22～23.

[16] 罗光朝. 韩国水稻生产机械化考察报告[J]. 广西农业机械化. 1998(2)：15～16.

第二部分
带钵移栽水稻秧盘制备

第 5 章　绪　论
第 6 章　水稻秧盘的种类和制备
第 7 章　带钵移栽水稻秧盘的设计构想
第 8 章　带钵移栽秧盘制备研究初探
第 9 章　带钵移栽水稻秧盘热模工艺研究
第 10 章　带钵移栽水稻秧盘冷模工艺研究
第 11 章　带钵移栽水稻秧盘模塑工艺研究
第 12 章　带钵移栽水稻秧盘应用示范情况及效益分析

第5章 绪 论

5.1 研究背景

国务院总理李克强在2017年3月5日的两会政府报告中，明确提出2017年关于农业方面的重点工作任务是："促进农业稳定发展和农民持续增收。深入推进农业供给侧结构性改革，完善强农惠农政策，拓展农民就业增收渠道，保障国家粮食安全，推动农业现代化与新型城镇化互促共进，加快培育农业农村发展新动能。"

自2004年起至2017年，国家中央政府已经连续发布了14个关于农业农村的一号文件，党和国家对"三农"(农业、农村、农民)问题高度重视，强调了"三农"问题在中国的社会主义现代化时期"重中之重"的地位。一号文件指出，"粮食作物要稳定水稻、小麦生产，确保口粮绝对安全，重点发展优质稻米和强筋弱筋小麦，继续调减非优势区籽粒玉米，增加优质食用大豆、薯类、杂粮杂豆等。"

农业部农机办〔2006〕24号文件《全国水稻生产机械化十年发展规划(2006—2015年)》中，明确指出：加快水稻生产机械化，减轻水稻生产的劳动强度，降低生产成本，增加产量和收益，是提高水稻综合生产能力，保障我国粮食安全的一项战略措施，对推动现代农业和社会主义新农村建设具有重要意义。“十二五”期间的发展目标是基本解决种植作业机械化，到2015年水稻主要生产环节机械化水平达到70％，其中耕整地机械化水平达到85％、种植机械化水平达到45％、收获机械化水平达到80％[1]。在“十三五”规划实施前，已基本胜利完成了“十二五”规划确定的主要目标和任务。水稻机械化收获如图5-1所示。

图5-1 水稻机械化收获

自从步入21世纪以来，世界科技的快速发展令世人惊叹，其中包括水稻生产科技也出现了新的发展态势[2-3]。在吸收和掌握传统水稻栽植技术优势的基础上，来分析未来10～15年我国水稻的发展形势[2]，并抓住水稻栽植技术的科学发展趋向，坚持科技发展原则，即：科技创新、战略发展、远见卓识、秉承传统。从产业化发展、高新技术示范、核心技术开发、平台技术共享和技术产品应用等五个层次，精准部署现代化水稻栽植高科技的战略发展工作，对于快速并大幅度提高我国自主的水稻机械化栽植技术，实现水稻生产的“高效、优质、安全、高产、稳产、绿色”的发展目标，具有划时代的重大意义[4]。

水稻是我国的主要粮食作物之一，水稻安全生产关乎我国粮食安全。因此，我国水稻生产一直得到国家宏观政策的支持，依据宏观政策，政府制定了适合我国水稻生产发展的宏观政策目标。该目标是随着时代的进步而逐渐发展的，即作为粮食品种的共性，要服从国家粮食共同政策目标，又有其特殊性，满足其作为我国居民粮食的主体和农业发展的需求。根据我国农业发展的要求以及稻米在粮食消费中的重要性，水稻生产发展的宏观政策目标制定为三个方面：①增加食物供给，保障口粮安全；②提高种稻效益，促进粮农增收；③参与出口贸易，提升国际竞争力。为保证宏观政策目标的实现，国家出台了一些实施政策，其中包括有对水稻科研方向的政策性引导，要求在保证水稻产量的基础上，降低水稻生产成本。

众所周知，水稻生产较其他作物在种植生产过程中，作业环节工序繁琐复杂，工人用工量较大，劳动强度大，要想在保障产量和改善稻米品质的同时，降低水稻生产成本，必须将优良的水稻品种和科学的种植良法相结合，配套现代化的农业机械，达到农机与农艺有机结合，才能实现水稻生产的宏观政策目标。因此，开展水稻生产全程机械化栽植技术研究已经成为我国农业机械化领域的热点。本课题研究正是在此背景下展开进行的。

5.2　研究目的和意义

针对水稻栽植技术的研究现状，摆在水稻科研人员面前的问题是：既要研究如何保证水稻的稳产高产和提高稻米的品质，还要研究如何可以降低水稻生产成本。为了同时解决这两方面的问题，水稻栽植技术需要与时俱进，从根本上改变常规水稻栽植技术。

据2015年的统计年鉴，我国稻谷种植面积为4.53亿亩*，黑龙江省水稻种植面积约为5 900万亩，其中，黑龙江垦区的水稻种植面积占了1/2以上。黑龙江垦区是我国重要的商品粮基地和粮食战略后备

* 1亩≈667 m^2。

基地，黑龙江垦区近年来正在朝着大机械、大产业和大科技的现代化大农业方向蓬勃发展，在黑龙江垦区流行着一句话："要想看世界上最发达的农业机械就要来黑龙江垦区"。黑龙江垦区种植着多种农作物，而水稻是黑龙江垦区最主要的热门粮食作物，黑龙江垦区的水稻机械化程度一直处于我国农业机械化发展道路的前列。

黑龙江省位于东经121°11′～135°05′，北纬43°25′～53°33′，是我国最东北部，属寒温带-温带湿润-半湿润季风气候，气候特点是夏和秋两季的光照充足，昼夜温差大，无霜期短。黑龙江省是世界粳稻的主产区之一。随着寒区水稻栽植技术的不断发展和稻米价格的逐年增加，为了提高水稻种植规模和增加农民经济收入，黑龙江省及黑龙江垦区的水稻面积逐年被扩大，主要采取开荒整地和旱田改水田等措施。但水稻种植对土质和水资源的要求比较高，随着水稻种植规模的逐年扩大，很多地区为了采集水稻育秧土，对周边环境植被的破坏比较严重，而且造成了地下水资源的严重下降，生态环境受到了严重威胁。为了保持生态平衡，国家大力倡导退耕还林政策。因此，摆在科研人员面前的艰巨任务是在水稻种植面积不可能无限扩大下去的情况下，如何将良种和良法结合起来研究一种新型水稻栽植技术，进一步提高寒区水稻产量和保持稻米品质。

水稻钵育苗栽植技术是当前国际上公认最先进的水稻栽植技术，水稻钵育苗栽植技术是指水稻芽种被播种到水稻钵育秧盘的钵孔内，秧根生长过程中盘结并与钵孔内的营养土结合形成独立钵块，使秧苗生长具有优良的壮秧特性的一种新型水稻栽植技术。与常规水稻栽植技术相比，水稻钵育苗栽植技术的钵苗具有秧根粗壮，钵苗间独自形成钵块不窜根，4叶1心时带蘖移栽（1～2蘖），移栽时不伤根，无缓苗期且延长有效生长期15～20天等优势。经实践证实，该技术具有提高水稻产量和稻米品质等优势。而目前只有日本井关和洋马等几家公司拥有该项技术，该项技术曾被引进在黑龙江垦区进行应用示范，增产效果十分明显。但该技术却未得到大面积推广，其原因是专属塑料钵盘单体价格高(每亩投资需1 000元左右),配套专用塑钵移栽机价格昂贵且存在机构复杂、操作繁琐和维护费用较高等问题,在日本当地也未能全面推广应用,在我国稻农亦难以接受。在稻农可接受的水稻生产成本投入的前提下,如何解决并实现我国特色的水稻钵育苗栽植技术的大面积推广和应用呢?研究新型钵育秧盘及配套技术是解决问题的关键所在。

作者跟随合作导师汪春教授带领的科研团队,多年来致力于水稻钵育苗栽植技术的研究工作,运用钵育苗栽植技术优势的理念,独创性研发了水稻钵育机械化栽植技术体系。该技术体系是以带钵移栽水稻秧盘制备为技术核心,配套自主研制的钵育秧盘精量播种机,并集成了水稻育秧、机械移栽和水田管理等农艺技术。

该技术体系的精髓是带钵移栽水稻秧盘的研制,这种带钵移栽秧盘不同于日本塑料钵盘,它的最大特点是可以与常规的水稻栽植机(插秧机)配套使用,稻农不必另行购买新的移栽机械。可以说,在既实现了水稻钵育苗栽植技术应用的同时,又间接地减少了水稻移栽机械的成本投入。因此,研究带钵移栽水稻秧盘制备为水稻钵育机械化栽植技术体系推广应用,提供了有力的理论支持和技术保障。

经多年来的试验示范,以带钵移栽水稻秧盘为基础的水稻钵育机械化栽植技术实现了水稻的稳产高产、优质高效和低碳环保,是水稻全程机械化生产技术的一种新模式组成,是水稻育秧生产的一次技术革新,对黑龙江垦区乃至全国水稻种植的持续化生产,具有重要的指导意义和借鉴意义。

5.3　核心研究内容

本书核心的研究内容——带钵移栽水稻秧盘的制备,是为了实现水稻钵育机械化栽植技术为前提基础而展开研究的。带钵移栽水稻秧盘的一些优势和不足之处,在大面积试验示范推广过程中凸显出来，研究的制备技术是依据以下这些实际问题进行系列革新和技术改进，以使制备技术趋于合理化、规模化和成熟化：① 为了实现带钵移栽水稻秧盘的工厂化生产，需要进行技术改进；② 为了尽可能地降低带钵移栽水稻秧盘的生产成本，增加市场竞争力，需要进行技术改进；③为了更好地实现带钵移栽水稻秧盘的商品化，以便大面积推广应用，需要进行技术改进。

带钵移栽水稻秧盘与配套专属的全自动精量播种机、现有栽植机（插秧机）和对应的农艺技术要求进行组合，即：水稻钵育机械化栽植技术体系，通过多年试验示范、推广应用及效益分析得以验证其制备技术的可行性和广阔的发展前景。

5.4 研究课题来源

本书研究内容来源于以下课题支持。

（1）教育部 2011 年高等学校博士学科点专项科研基金“水稻植质钵育秧盘制备工艺与性能研究”（新教师类）（20112305120003）（主持）

（2）科技部 2014 年国家科技支撑计划子课题“水稻植质钵育秧盘自动成型技术装备研究”（2014BAD06B01-07）（主持）

（3）2010 年校级“学成、引进人才科研启动计划”课题“湿热环境下水稻植质钵育秧盘结构变异与控制”（主持）

（4）科技部 2009 年农业科技成果转化资金项目“水稻植质钵育栽植技术”（2009GB2B200101）（参与，排名 6/9）

（5）黑龙江省科技厅 2009 年黑龙江省发展高新技术产业（非信息产业）专项资金项目“水稻植质钵育机械及栽培技术推广”（TA09Q406）（参与，排名 3/8）

第6章　水稻秧盘的种类和制备

本书的第一部分第4章节中已经介绍了水稻栽植技术分为水稻直播技术和水稻移栽技术。其中针对北方寒区水稻种植而言，水稻移栽技术可以解决寒区水稻种植受气候影响的局限性问题，在低温条件下通过温室大棚提前增温育秧，经由人工或机械进行移栽。各个水稻种植区由于耕作制度和当地气候条件的不同，具体农时布置略有差异。但按照黑龙江省水稻种植的农艺和农时要求来说，整体工作流程是：每年的3月初需要扣好塑料大棚，利用1个月的时间做好大棚内的地温提升和床土平整等前期准备工作；水稻育秧开始时间为每年4月初左右，也要视当年气候情况略有调整，但最晚不宜晚于4月中旬，否则影响秧苗移栽后在水稻田的生长，水稻秧苗在大棚内的生长期最好为35～40天。

水稻移栽技术的推广应用以水稻秧盘为基础支撑。那么，什么是水稻秧盘呢？水稻秧盘，即水稻秧苗生长载体，它是一种可以盛装育秧营养土的容器，水稻芽种被播种在营养土里生长成秧苗后可以被移栽到水稻田，它帮助水稻实现了在温室大棚内的提前种植生长，累积延长了水稻生长期，保证了寒区水稻生产的农时。

对于寒区水稻种植户来说，温室育秧是水稻生产中的首要环节，也是一年水稻生产最重要的开端。水稻秧苗好坏直接影响到后续的所有水稻生长环节，直至最终的结果——水稻产量。水稻秧盘的选用是水稻秧苗生长好坏的关键因素之一。在常规水稻育秧生产过程中，常见的是水稻毯育秧盘和水稻钵育秧盘，当前市面上还出现一种新型秧盘——水稻毯钵秧盘，结构形式是将毯育秧盘和钵育秧盘的结构进行整合重组而成的。

本章将详细介绍目前国内外水稻秧盘的种类和相应的制备研究现状，以及个别水稻秧盘的应用情况，为带钵移栽水稻秧盘的结构设计、成分组成和制备研究做好前期的研究基础。

为了便于读者更好地了解本章节叙述的多种秧盘，将本章涵盖的秧盘种类进行归纳整理如下：

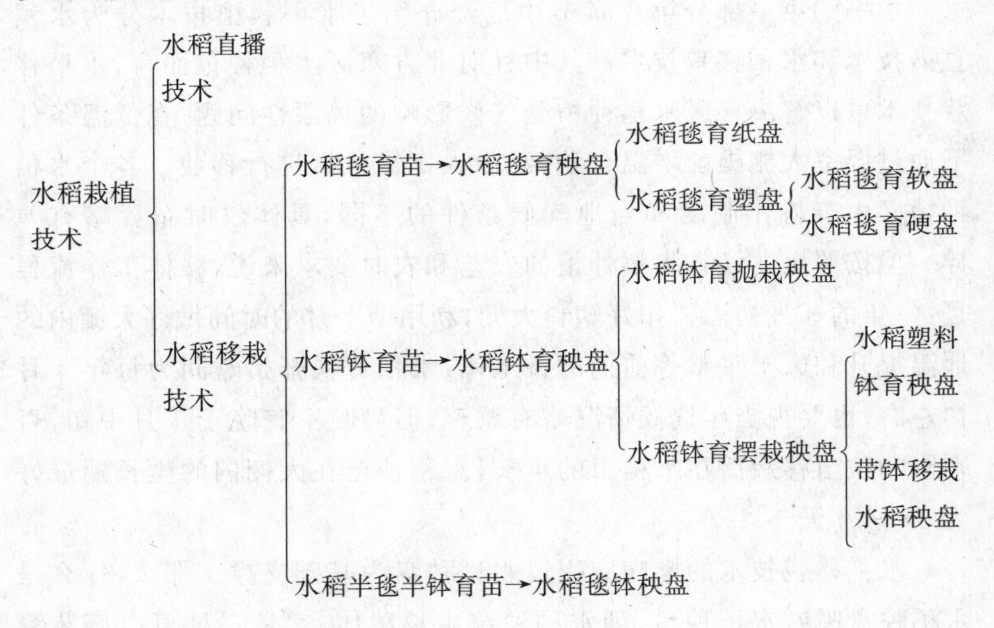

6.1 水稻毯育秧盘

水稻毯育秧盘是实现水稻毯育苗的育秧载体，使用时水稻毯育秧盘需要先摆放在床土上，再装入营养土，浇透底水，播种机播完芽种后，芽种再经人工实施“打籽入泥”，覆盖上表土完成整个播种过程。实施毯育苗栽植技术所使用的常规水稻毯育秧盘有两种形式：水稻毯育纸盘和水稻毯育塑盘。

6.1.1　水稻毯育纸盘

毯育纸盘的原材料，不是由纸浆制成的纸张材料，而是采用聚氯乙烯塑料片材，因塑料片材形如纸张，故此称为纸盘。

毯育纸盘的制备是塑料片材按照纸盘的结构设计尺寸（图 6-1）进行切割裁剪，再通过冲孔加工制备而成的（图 6-2）。市场上售价约为 0.26 元/片。每片纸盘一般可以使用 2～3 年。

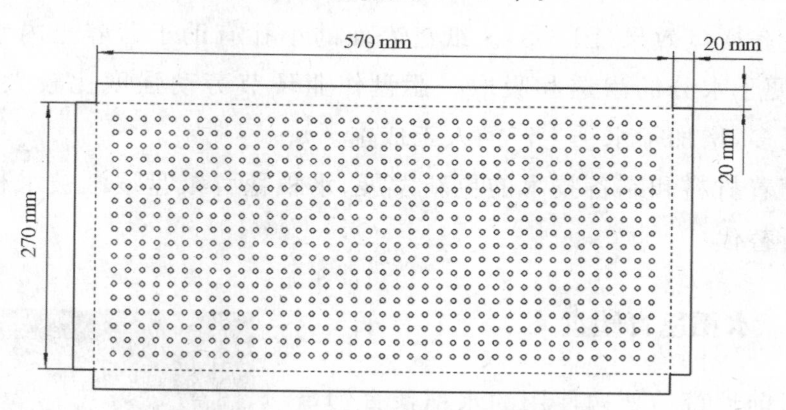

图 6-1　水稻毯育纸盘结构尺寸示意图

图 6-2　水稻毯育纸盘实物

在水稻毯育苗移栽技术兴起时期，水稻毯育纸盘广泛被应用于水稻育秧。在温室大棚床土上摆盘时，水稻种植户使用与纸盘尺寸一致的铁制或钢制框架，将纸盘四边直立折起，形成长为 570 mm，宽为270 mm，高为20 mm 的容器空间，往此空间内装入调制好的水稻营养土。特制框架的使用既可以提高摆盘效率，又可以保证盘与盘之间相互挤压的整齐摆盘效果(图 6-3)。纸盘表面的小孔有助于营养土内水分的调节，便于水分的渗透和吸取。摆盘作业环节劳动强度比较大，需要人工较多，增加了水稻生产的人工成本。

图 6-3 摆盘效果

随着材料和制备技术的更新发展，水稻毯育纸盘逐渐被水稻毯育塑盘所替代。

6.1.2 水稻毯育塑盘

目前毯育苗普遍使用的水稻毯育塑盘分为水稻毯育软盘和水稻毯育硬盘两种。

6.1.2.1 水稻毯育软盘

水稻毯育软盘的原材料一般采用聚丙烯原料，呈纯色透明状(图 6-4)，市场上的售价约为 0.40 元/个，一般使用寿命为2～3 年；而回收的聚丙烯经过成分配比调制，呈半透明状，市场售价可略低于原料，一般使用寿命为 1～2 年。

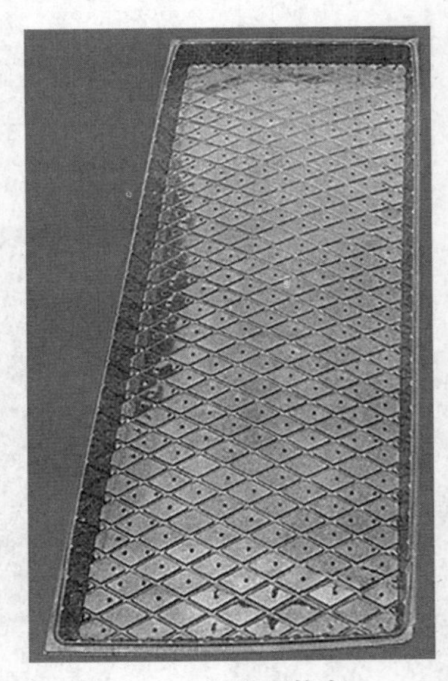

图 6-4 水稻毯育软盘

水稻毯育软盘经成型模具吸塑工艺制

备而成。软盘宽度依据水稻栽植机(插秧机)的秧箱宽度尺寸,各类软盘的宽度基本一致;长度和厚度尺寸各生产厂家略有不同。

水稻毯育软盘由于材质原因铺放在苗床上时,易发生变形,使用此秧盘育秧时,对苗床的平整度要求较高。起秧时,分离秧苗与软盘的力量要适度,使用后及时回收清洗,叠放平整保存,可有利于延长水稻毯育软盘的使用寿命。

6.1.2.2　水稻毯育硬盘

水稻毯育硬盘的原材料主要采用聚氯乙烯回收料。颜色多种多样,由于材质的强度和刚度较好,一般使用寿命为 3～4 年。

水稻毯育硬盘的制备是经过真空压塑成型与气动拉伸成型组合,硬盘底面透水孔随硬盘模具设计一体成型的(图 6-5)。硬盘的结构尺寸设计与软盘类似,宽度依据水稻栽植机(插秧机)的秧箱宽度尺寸,各类硬盘的宽度基本一致;长度和厚度尺寸各生产厂家略有不同。

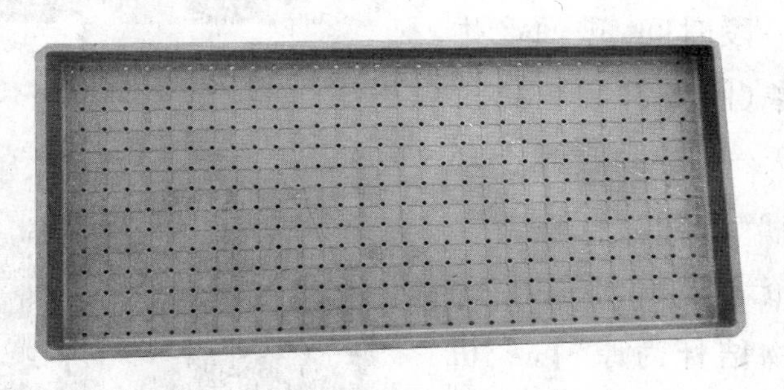

图 6-5　水稻毯育硬盘

水稻毯育硬盘在大棚摆放时可以采用两种形式:一种是人工摆盘,需要多位员工采取蹲坐的方式摆放秧盘,劳动强度大,生产效率低,还需要另一名员工搬运育秧土,秧盘摆放好后,再铺底土,费时费力;另一种是机械摆盘,随着人工费的增加,机械摆盘逐渐出现在市场上,它可以一次性完成直接在秧盘上装土和整齐摆盘两个工序,节省人工,降低作业强度,增加生产效率。

育秧期结束起秧时，上述三种水稻毯育秧盘培养出来的秧苗形似毯状，都可以像毯子一样将秧苗卷起易于搬运（图 6-6），故而有了“毯育苗”名字的由来。

毯育苗可以卷起搬运是靠健康的秧根之间相互交错在一起（图 6-6），相互牵连而产生的缠结力，便于运输的同时还有利于铺放在水稻栽植机（插秧机）的秧箱上，但是产生的问题是在秧针摘取秧苗的同时，秧根从秧块上被撕断（图 6-7），秧根受损后被插入水稻田中，秧苗性状生长恢复需要一段时间，进而产生了“缓苗”现象（图 6-8）。这种现象如遇低温天气，易造成死秧现象，影响水稻产量。

据相关资料显示，日本曾出现过以农作物秸秆为原料，经机械加工制成水稻毯育秧盘的制备技术，但该技术仍然存在有毯育秧诸多栽植问题，相关研究和报道较少，没有进行规模化的深入研究。

a. 纸盘
（图片来源：江苏为农服务网）

b. 软盘
（图片来源：淮安市中诺农业科技发展有限公司）

c. 硬盘
（图片来源：吴志学的影像世界）

图 6-6 三种水稻毯育秧盘起秧情况

图6-7 秧根撕断受损

图6-8 插秧后的缓苗状态

6.2 水稻钵育秧盘

钵育苗栽植技术起源于20世纪60年代的美国，最初应用于温室植物的栽植[5]。日本是最先将钵育苗栽植技术应用在水稻育秧上的。日本水稻专家在20世纪60年代末至70年代初，为了解决水稻在寒冷气候条件下抵抗冷害的问题，在北海道等地方研究出了一种新型水稻栽植技术——水稻钵育苗栽植技术(技术集成包括水稻钵育秧技术、秧苗移栽技术和田间水稻生产管理技术等等)。这种水稻栽植技术取得了抗低温冷害、无缓苗期返青快和显著提高产量等预期效果。

进一步剖析生长在水稻钵育秧盘里的秧苗为什么可以取得上述预期效果呢？原因是钵育秧苗具有作物“立命‘根’本”特征——壮根。钵育秧盘的每个钵孔内壁都是圆柱体，秧根在生长过程中会碰到圆柱体内壁，受到延伸阻碍，根据作物根系生长特性，不会像毯育苗那样可以朝着四周任意延伸生长，而是沿着圆柱体的内壁盘旋生长，逐渐形成盘根状(图6-9)；与此同时，钵孔内壁起到的阻隔

图6-9 钵育苗秧根盘结状

作用,还可以防止相邻钵孔内秧苗窜根的可能。在秧苗实际生长过程中观测发现,尽管有少部分须根会穿过钵孔底部的透水孔,相互交缠或是植根于床土上,但是主根盘结在钵孔内,移栽时只撕断少许须根,主根尚未被损坏,因此水稻钵育苗具有壮根的好性状。

这种水稻钵育苗的好性状,非常适合黑龙江寒冷气候条件下的水稻生产。因此,在20世纪80年代水稻钵育苗栽植技术刚刚兴起的时候,黑龙江省引进了这项先进技术在水稻种植区进行试验示范。

水稻钵育苗栽植技术所需的育秧载体——水稻钵育秧盘,分为两种形式:水稻钵育抛栽秧盘(简称抛秧盘)和水稻钵育摆栽秧盘(简称钵秧盘)。

6.2.1 水稻钵育抛栽秧盘

日本的水稻钵育苗栽植技术最先起源于水稻钵育抛栽秧盘。20世纪70年代初期,日本北海道道立中央农业试验场最初研究始于纸筒育苗,在此研究基础上展开攻关,研究了"纸制钵育盘"培育水稻秧苗,研究的重点是如何解决前期所研究的纸筒钵苗间的窜根问题,并创新突破了"纸制钵育盘"的生产加工技术,即:先按直径要求做成一个纸筒,再用一种黏接剂把纸筒黏接成秧盘状(图6-10),这种黏接剂需要具有能够通过分解消失黏性的特性。使用这种秧盘育秧苗时,秧苗连同纸筒和纸筒内的育秧土完整地成为一个独立的钵体,钵体可以被抛栽到泥浆状的水田里,当时这种水稻栽植技术称为"省力栽植"的

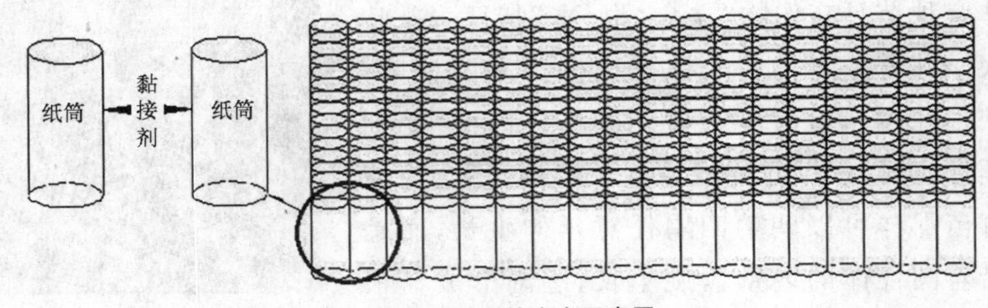

图6-10 纸制钵育盘示意图

抛秧技术。这种技术虽然实现了水稻钵育栽植，秧苗具有壮秧等特征，但是所需的抛秧盘"纸制钵育盘"的加工过程费时、工序复杂，而且对黏接剂的要求较高，提高了水稻抛秧盘的价格，无形之中增加了水稻生产成本，因此限制了这类水稻抛秧盘和抛秧栽植技术的发展[6]。

1975 年日本北海道国立农场和道立中央农场合作，开始致力于研究塑料抛秧盘制备技术。日本水稻品种栽植学专家松岛省三先生与丸井生产加工公司联合协作，率先研制成了三种不同穴数型号的塑料抛秧盘。三种不同穴数型号的抛秧盘具有不同的钵孔尺寸大小，可分别满足不同苗型(如大苗、中苗和小苗)的育秧使用需求。这种抛秧盘的出现，使得日本当时连续两年在大面积范围内推广了用此种抛秧盘为基础的抛秧栽植技术。

我国的抛秧栽植技术是在引进日本抛秧技术的基础上发展起来的。20 世纪 80 年代初，中国农业科学院最先引进了日本钵育抛秧栽植技术后，与一家塑料加工厂合作，开展了相应水稻抛秧盘的研究工作，共同研制出了一种钵孔为方形的塑料钵盘，每个钵孔底部设计有透水孔。80 年代中期，黑龙江省牡丹江市塑料三厂生产了一种通过压塑工艺制成的塑料材质水稻抛秧盘，这种类型抛秧盘单体价格较常规水稻毯育秧盘昂贵很多，水稻种植户不愿接受这种新型水稻秧盘。为了推广这种水稻抛秧栽植技术，牡丹江市一所科研机构与上海市一家塑料加工厂合作，研究一种以回收塑料为原料，经吸塑工艺加工而成的塑料软盘，盘底透水孔经冲压加工，每个抛秧盘上的钵孔总数和钵孔形状可以根据需要进行定制，这种秧盘产品由于原材料成本降低，降低了秧盘产品的售价，是当时比较受欢迎的一种应用广泛的水稻抛秧盘。每个秧盘上的钵孔呈交错排列。钵孔横截面的形状有圆形(图 6-11a)和多边六角形(图 6-11b)两种。

水稻抛秧盘按照常规的大棚温室育秧方法，平整床土浇透底水，将秧盘整齐摆放后压入床土，使秧盘与床土贴紧。育秧期结束时的移

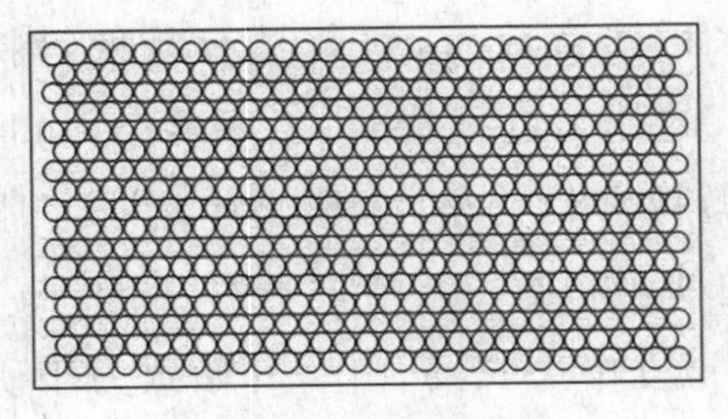
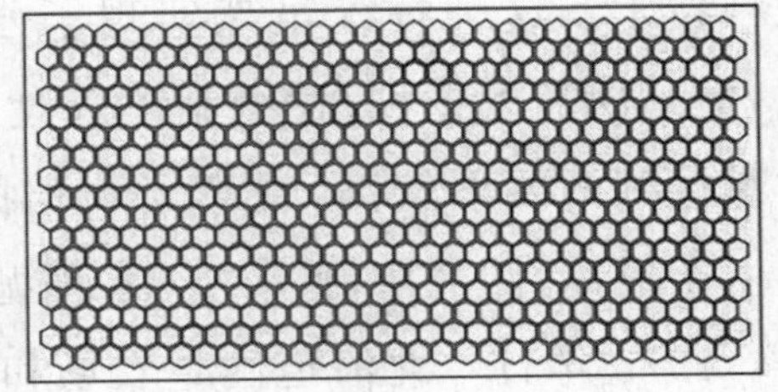

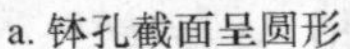

a. 钵孔截面呈圆形　　b. 钵孔截面呈多边六角形

图 6-11　水稻钵育抛栽秧盘示意图

栽方式，早期主要是以抛秧为主，包括人工抛掷、机械旋转抛秧和机械行抛秧等。当移栽时，钵育苗从抛秧盘中取出，抛撒于水田中，靠秧苗钵块的自身下落重量栽插到水田泥浆中。

试验示范采取与常规的毯育苗作对照，在整个水稻生长过程中从大棚温室播种育秧到移栽稻田及田间管理，试验效果表现如下：

• 在大棚育秧环节，钵育苗呈现出了优良的秧苗素质。在每个钵孔内的秧根，自由生长与培养土结合成一体钵块，秧根强壮且相邻钵孔间不串连，可以最大程度地减少对植物根系的伤害，移栽时易与秧盘分离；育秧期结束时，秧苗可长到四叶一心，这是毯育苗不具有的好性状。

• 在移栽环节，采用抛秧的方式，钵块的下落位置靠抛出力的大小控制，抛出后靠钵块自由落体落入水稻田中。抛秧后遇到水深的地方会出现立苗不稳，易造成漂秧现象，秧根入土深浅不一，秧根发根力不同，秧苗后期性状也有所不同，保苗差，且钵块入土浅，易倒伏等（图 6-12）。

图 6-12　水稻田抛秧效果

• 在田间管理环节，由于是无序抛秧，易造成后期田间管理困难和机械收获困难等问题。

这种无序移栽尽管在推广初期遇到了不利问题，钵育抛秧技术没有得到大面积的推广应用，但其优良的壮秧性状，深受水稻种植户的认可和青睐。为了推广水稻钵育苗栽植技术，水稻钵育摆栽秧盘和相应配套栽植机械随之成为热门研究课题。

6.2.2 水稻钵育摆栽秧盘

6.2.2.1 水稻塑料钵育秧盘

日本树脂钵育秧盘(图 6-13)是由日本自主研制的，原材料是高分子树脂材料，使用高速注塑机经注塑工艺加工成型。日本根据钵育苗移栽要求，研制出了可供大、中、小钵育秧苗配套使用的各种型号水稻栽植机。插秧时，专用的水稻栽植机上的顶杆通过钵盘底的瓣膜间“Y”形缝隙(图 6-14)将秧苗的根和紧裹秧根的营养土形成的圆柱形钵

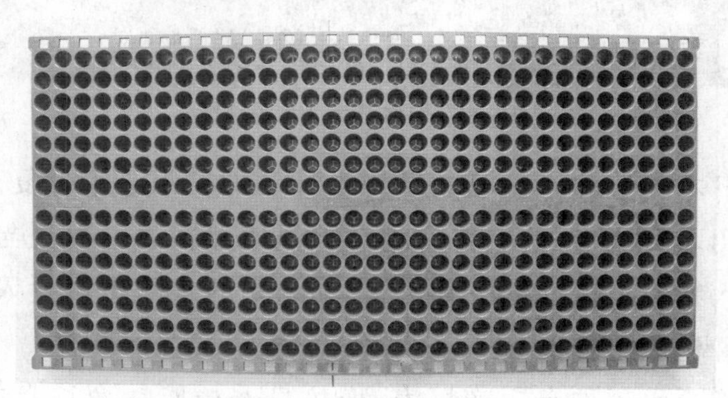

图 6-13 日本树脂钵育秧盘

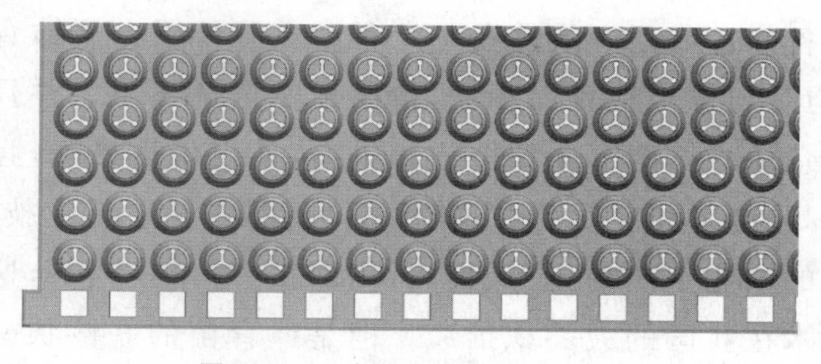

图 6-14 日本树脂钵育秧盘底部

块(参见图 6-9)顶出,通过分秧及供秧机构将钵块分别运送到两侧的旋转分插部件,最后植插到水稻田中。

这种水稻钵育苗栽植机具有株距准确、有序成行、均匀性好、作业质量高等优点,稻米产量高且口感好,受到稻农的欢迎,水稻钵育苗栽植技术在北海道广泛应用。同时,出现了日本钵育秧盘播种机(图 6-15)等配套机械设备,播种效率高,播量精确,可以实现水稻钵育苗栽植技术播种环节的机械化。

图 6-15　日本钵育秧盘播种机

这种日本树脂钵育秧盘的结构设计和加工工艺十分复杂,尽管可以反复使用,但是单体秧盘售价相对来说依然很高。而且与之配套使用的专属水稻栽植机价格昂贵,二者加起来的水稻生产投入高成本很难被水稻种植户接受。

我国部分水稻秧盘生产厂家,模仿日本树脂钵育秧盘的结构,设计出了它的成型模具,采用并调制材料成分——改性聚丙烯,通过注塑工艺制备技术成型。虽然在一定程度上降低了专属钵育秧盘的价格成本,但是与常规毯育盘相比,价格依然居高不下。并且其配套的专属水稻栽植机结构复杂完全依靠进口,不仅价格昂贵,且机械化和精密度较高,维修和护理费用亦较高,同时维护需要专业技术人员,在我国传统的农业生产渴望“低投入,高回报”思维模式下,这些都限制了此项技术在我国的大面积推广。但是钵育苗的好性状一直激励着科研人员继续开展研究。

一些塑料加工厂与科研院所联合协作，设计出价格低廉易生产的塑料钵育秧盘（图6-16）。塑料钵育秧盘有硬质和软质两种类型，由PVC材料经吸塑而成的这种钵秧盘与塑料抛秧盘原材料和成型工艺类似，但是不同的是钵孔的布局呈经纬线排列。这种塑料钵秧盘应用时，存在着没有与之配套使用的移栽机械的问题。

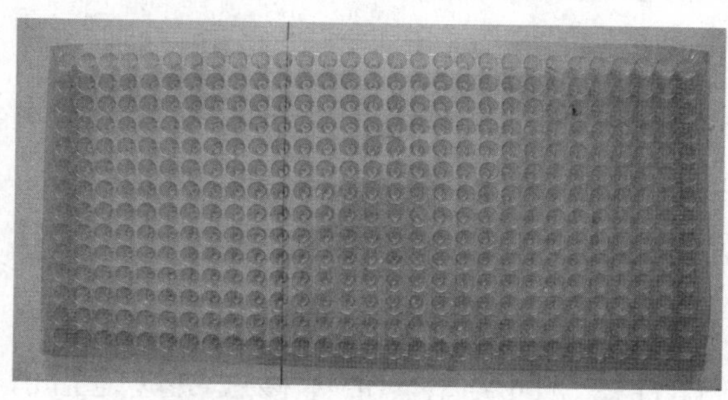

图6-16　塑料钵育秧盘

为了实现这种塑料钵秧盘的移栽机械化需求，科研人员研制了一种特制纸浆钵秧盘，与这种塑料钵秧盘配合使用。首先用塑料钵秧盘育秧，在移栽前把钵育苗转移到纸浆盘中（二次转移的原因是纸浆钵秧盘耐水性差），钵孔尺寸一致，纸浆盘可以直接与普通水稻栽植机（图6-17）配套使用。特制纸浆钵育秧盘一次性使用，可以与秧苗一同移栽到水田里。

图6-17　日本洋马水稻高速栽植机

钵育苗经由秧箱支撑,秧箱由传动机构沿着钵盘上横向钵孔的排列方向左右摆动;带有秧针的栽植机构圆周旋转,仿照人手插秧的动作,按照稀植技术的农艺要求设置行株距值和秧苗栽插深度,并由相应机构操控实现依序栽插钵育秧苗,这种移栽技术称之为水稻钵育摆栽技术,突出特点是可实现高速有序钵育移栽。

尽管在技术上实现了水稻钵育摆栽移植,但是工序上增加了二次移栽变得繁琐很多,增加了人工投入。因此仍需要探索一种新型钵育秧盘替代塑料钵育秧盘。

6.2.2.2 带钵移栽水稻秧盘

按照结构和应用分类,带钵移栽秧盘应该归属于水稻钵育摆栽秧盘,与水稻塑料钵育秧盘同类型。带钵移栽秧盘是指借鉴水稻塑料钵育秧盘的结构形式,根据水稻育秧的农艺要求而设计尺寸,以水稻秸秆为主要原料,辅以其他特殊配料组成,经特殊的制备成型加工而成,既可满足水稻育秧期的强度要求,又可与现有水稻移栽机械配套使用,钵盘连同钵孔内的秧苗和育秧土形成钵块,一同摆栽到水稻田里的新型水稻育秧载体。通过研究不同成分组成,钵盘在水稻田里分解后既可实现定点施肥,又可实现秸秆还田。此类型秧盘的优势可以预测未来应用,必具有重大的经济效益、社会效益和生态效益,及广泛的推广应用前景。

这种新型钵育秧盘(带钵移栽秧盘)的研究和制备革新历程是本书的重点内容,将在后面的章节中详细介绍。

6.3 水稻毯钵秧盘

随着钵育苗栽植技术的推广,人们已经意识到钵育苗不伤根的优势,钵育苗栽植技术的应用迫在眉睫。但是由于塑料钵盘配套机械栽植的问题还没有解决,科研人员开发了一种钵育和毯育相结合的水稻半毯半钵育苗栽植技术。该技术的育秧载体——水稻毯钵秧盘(亦称为钵育毯状秧盘),既可以像钵育苗那样实现秧苗底部秧根的盘结成块,又可以像毯育苗那样进行卷曲运输,目前被广泛应用在黑龙江农垦系统的各大农场。从图 6-18 中可以看出,秧苗可以卷曲的原因是靠毯状部分的秧根相互交错完成的。

图 6-18　水稻毯钵苗

水稻毯钵秧盘(图 6-19)由两部分组成,上半部分是由聚氯乙烯制成的塑料软盘,但因其薄软易变形,使用时需要下半部分的托盘支撑。

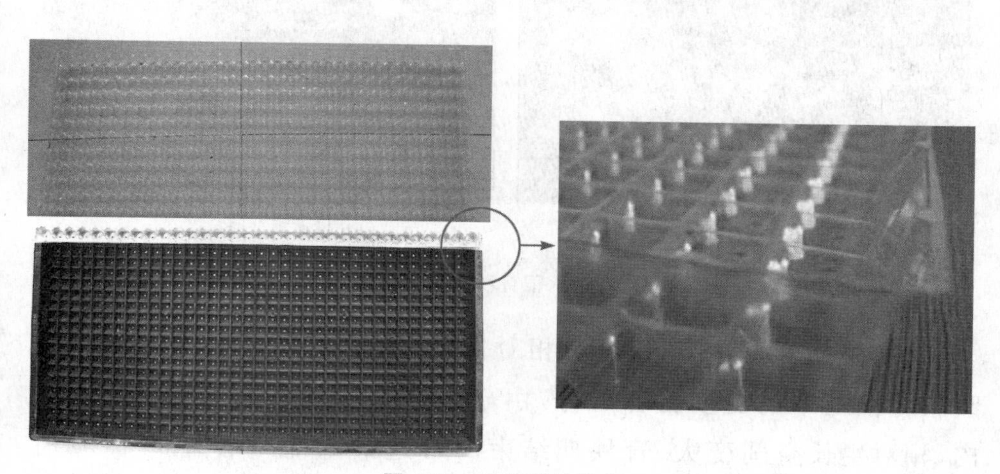

图 6-19　水稻毯钵秧盘

第 7 章　带钵移栽水稻秧盘的设计构想

通过多年的试验示范，总结水稻钵育苗栽植技术的优势如下。

(1)播种量少：与毯育苗秧盘播种量相对比，钵育苗秧盘可以大量减少水稻芽种的播种量，因为水稻芽种被铺放在毯育苗秧盘的育秧土上面，如图 7-1a 所示；而对于钵育秧盘而言，芽种都被播种在钵孔内，如图 7-1b 所示。

a.毯育秧盘播种量

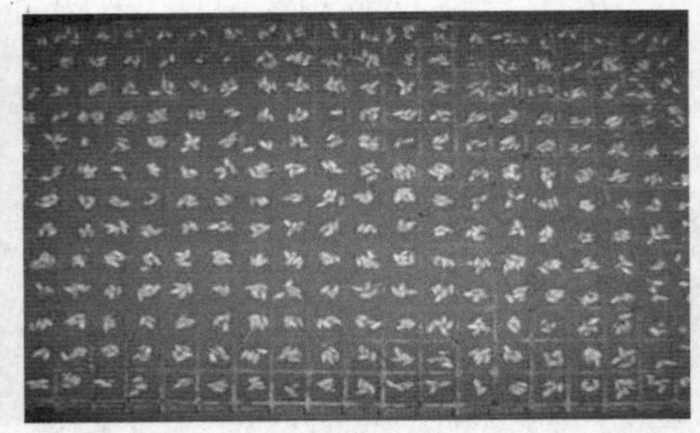

b.钵育秧盘播种量

图 7-1　水稻育秧播种量对比

(2)秧苗素质好：与毯育苗相对比，在每个钵孔内，水稻芽种可以吸收育秧土中的更多营养成分，由于秧苗是生长在相对独立的钵孔内，相对生长空间变大，育秧期结束时可达到四叶一心并带 1～2 个分蘖。

(3)壮秧性状优:与毯育苗相对比,钵育苗因为秧苗与育秧土形成钵块,相邻钵孔间的秧根未牵连在一起,移栽时钵育苗的秧根在一定程度上受到的损伤小,钵块直接移栽到稻田里,无须缓苗。水稻钵育苗栽植技术可以培育出拥有壮根的水稻秧苗,这将极大提高水稻生长发育的态势,增加水稻的产量和稻米的营养成分。

水稻科研人员既看到了水稻种植户对于钵育苗栽植技术的认可,又看到了此项技术稳产、高产和优产的广阔发展前景,因此拥有了更加坚定的决心和动力推广此项技术的创新发展。

在充分调查研究的基础上,总结上一章节介绍的各种类型水稻秧盘的特点及配套栽植技术,逐渐开展带钵移栽水稻秧盘的研究。

对本研究对象——带钵移栽水稻秧盘,提出以下技术要求:

(1)可实现钵育苗的育秧载体要求,可以培育出壮秧苗。

(2)可以与现有水稻移栽机械配套使用,通用性好,这样可以降低水稻种植户的机械投入成本。

(3)保证单个钵秧盘价格低,不增加农民的生产投入负担。

(4)钵秧盘原料的来源选取,应该是非天然能源、环保型且可再生资源,对生态环境不会造成污染破坏。

7.1 设计理念

本研究的设计理念是基于上述的技术要求产生的。

我国每年水稻生产收获后产生大量的秸秆废弃物,传统的处理方式有:①就地焚烧;②被联合收获机打碎抛撒在田间,秸秆还田;③少部分被运回,作为日常生活中的能源燃烧;④个别地方可以用于电厂发电。

水稻秸秆循环再利用探寻新的方法,并结合钵育栽植理念,将水稻秸秆废弃物与水稻育秧载体联系起来,最终形成以水稻秸秆为主原料制备带钵移栽水稻秧盘的设计理念。这种设计既可制备加工成钵育秧盘，实现钵育苗的育秧载体要求；又可以利用取之不尽的环保型可再生资源——水稻秸秆；移栽时一次性使用，与秧苗一起被移栽到水稻田里，实现与现有水稻移栽机械的配套使用。移栽后这些原材料随着秧苗回到土壤里，在土壤中经微生物分解形成有机物质，如氮、磷和钾等，能够增进土壤肥力和改善土壤结构。

7.2 设计思想

常规的水稻育秧方式采用毯育秧盘，育秧时底土、水稻芽种和表土按照不同层次均匀地铺撒于毯育秧盘内（图 7-2），移栽时秧苗根部与育秧土相互盘结于一体，从而能够实现卷曲运输和连续移栽（图 7-3）。

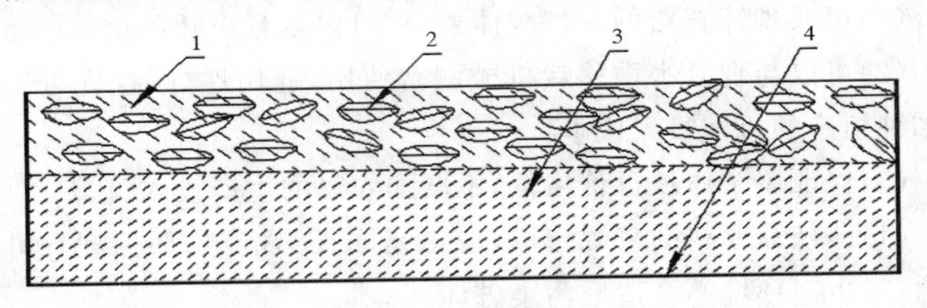

1. 表土 2. 水稻芽种 3. 底土 4. 毯育秧盘

图 7-2 毯育秧盘播种状态

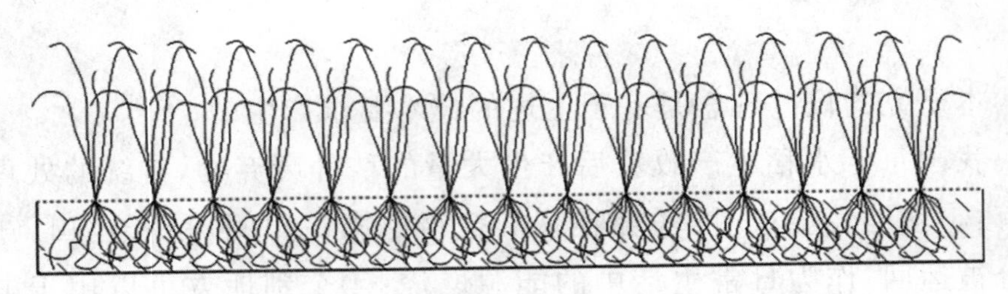

图 7-3 毯育秧苗生长情况

根据日本钵育栽植技术的设计思想，让芽种以一定数量在一个独立的钵孔内生长（图 7-4），秧苗根部在独立钵孔内盘结，并以钵孔内秧苗加育秧土为移栽单元形成钵块，从而就能避免秧针抓取秧苗时对根部的损伤。将众多单一钵孔以整体结构组合起来是钵育秧盘,同时为了实现机械移栽钵育苗,移栽时秧针将钵块整体移栽到水稻田里,这就是带钵移栽钵育秧盘的设计思想。钵育苗生长状态如图 7-5 所示。

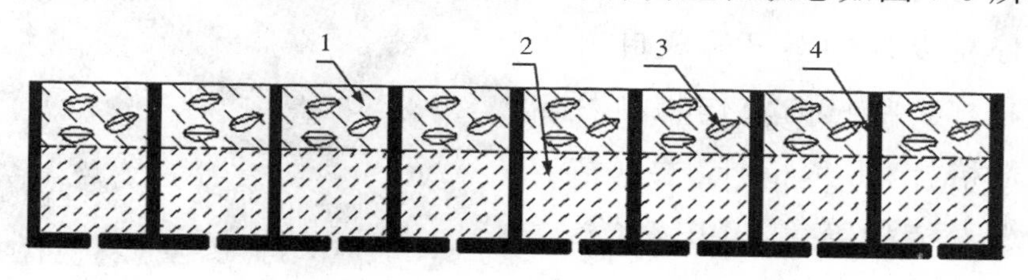

1. 表土　2. 底土　3. 水稻芽种　4. 钵育秧盘

图 7-4　钵育秧盘播种状态

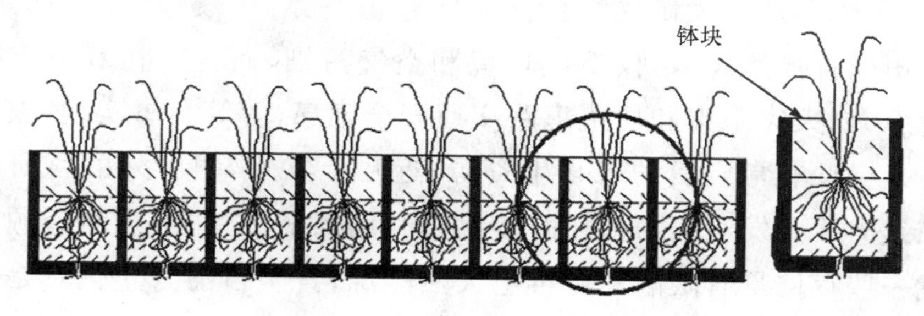

图 7-5　钵育秧苗生长状态

7.3　秧盘原料概述

带钵移栽水稻秧盘的原料选择水稻秸秆替代塑料材料,一是减少环境污染和能源浪费,塑料是天然或人工合成的高分子材料,主要来源于石油化工天然能源;二是植物纤维制品可以满足钵育移栽的要求,实现机械化栽植,同时又可以实现废弃物再利用并且间接地实现了秸秆还田。因此,带钵移栽水稻秧盘原料的革新具有重大的商业价值和研究意义。

7.3.1　农作物秸秆再利用现状

我国是农业大国,每年种植的各种农作物在收获后将会产生大量的农作物废弃物——农作物秸秆。农作物秸秆是指一切农作物生长到成熟期被收获后，除去成熟籽粒以外的茎秆和枝叶部分的总称。常见的农作物秸秆有水稻秸秆、玉米秸秆、大豆秸秆和小麦秸秆等等，其中，水稻秸秆如图 7-6 所示。

图 7-6　收获后的水稻秸秆

过去为了方便和节省劳动支出，一般都是将农作物秸秆作为废弃物遗弃掉，最直接简便的方式就是田间直接焚烧，不仅造成环境和空气污染，而且存在着严重的安全隐患，如火灾隐患和周边道路交通安全隐患，等等。事实上，农作物秸秆是一种非常宝贵的可再生资源，近几十年来，国内外的科研专家都在致力于开发农作物秸秆的转化再利用问题，这些可再生资源可以替代一些存储量有限的不可再生天然能源，直至目前为止仍然是热门研究课题。

农作物秸秆的再利用经过多年来的研究，在一些领域已经取得了一些成果，并且伴随着相关技术更新，一些新型再利用技术得以开发推广。

(1)利用现状最为普遍的是秸秆还田技术。此项技术分为两种形式，一种是利用农业机具将作物秸秆进行粉碎后抛撒在耕地表面，再使用整地机具将其耕翻到土壤里，使之被土壤中丰富的微生物分解成土壤有机质，改善土壤条件，是一种对土壤改良有益的方法。另一种是将将秸秆直接覆盖在土壤表面，利用气候自然条件和土壤微生物对秸秆进行降解。但是近年来有学者对这两项技术进行研究，发现秸秆还田量与土壤改良之间有着一定的关系，过量对土壤改良的影响是不利的；另外秸秆直接覆盖在土壤表面，降低了土壤的透气性，使得植物根部呼吸受阻，秸秆腐烂降解产生的有害菌群对作物的生长也有一定的影响。并且这两种秸秆还田技术对于播种机的播种质量要求较高。因此,应用此项技术还需要科研人员继续关注土壤情况,研发更加有适应性的播种机械。

(2)除了就地焚烧之外最直接的秸秆处理方式就是作为饲料给动物储备起来。例如:收获后的玉米秸秆里面含有水分和糖分等营养物质,将秸秆粉碎便是牛等牲畜的营养饲料。如果按照一定的比例添加一些其他饲料,秸秆经过厌氧发酵可以制成一种高营养物质的动物饲料。农作物秸秆等废弃物可转化为动物饲料的原材料。

(3)农作物秸秆炭化技术也是一种新型技术。众所周知,煤炭和石油等燃烧能源是一种不可再生的天然能源。利用农作物秸秆收获后经过高温高压压缩可制成生物质炭棒,既可以作为发电厂的能源,又可以作为燃烧炭满足人们的需求,同时也保护了森林树木,打破了长期以来用树木制造木炭的格局。目前急需解决的问题是在生产过程中,加工成本较高,间接造成了能源的浪费。如何可以将此项技术进行合理研制,变成真正可替代能源,是给科研人员的一项艰巨任务。

(4)为了保护天然木材,减少实木板材的利用,将农作物秸秆经过加工制造成可以使用并可替代自然木材的板材材料,也是一种发展趋势。工业制造复合板材,需要添加一定的黏合剂。为了保证加工板材的环保性,又要保证成型后的强度要求,一系列环保型的黏合剂随之产生。作物纤维通过一定的特殊预处理,可以替代树木造纸,减少木纸浆的利用,但需要注意的是预处理中会产生大量的工业废水,极易造成水污染,要合理地进行水处理。

(5)人们现在对于废弃塑料制品的危害越来越关注,“白色垃圾”对于环境破坏较为严重,因此很多科研人员致力于利用农作物秸秆制造一次性可降解餐具用品,如,纸杯、碗、盘和打包盒等等。这些一次性可降解的餐具用品已经成为商品摆放在超市或市场的货架上,这种利用方式对于加工生产提出了更高的湿强度要求和食用安全卫生要求。

对于农作物秸秆再利用的概述,只是简要地介绍了一些目前比较常见的情况，而且不同的再利用方式，对于秸秆的种类也有不同的要求，因此对于农作物秸秆的不同应用，是值得一直延续进行研究的，不可一概而论，要根据每一种农作物秸秆的特性进行研究。本研究针对水稻育秧载体的原料选取，使用的农作物秸秆是水稻秸秆，选取的目的是为了使水稻生产实现农业循环(图 7-7)。

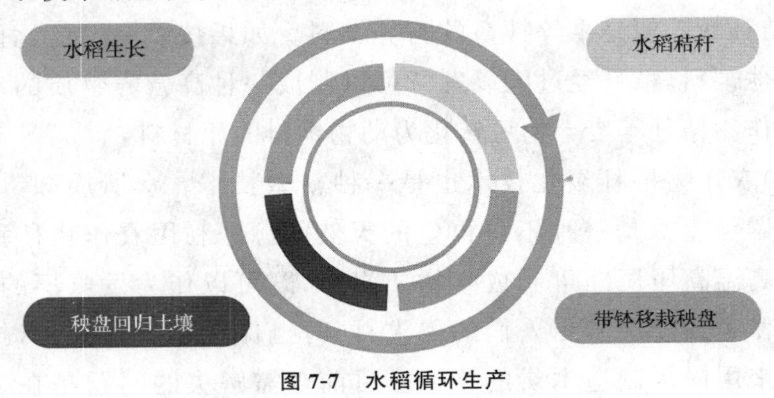

图 7-7 水稻循环生产

7.3.2 农作物秸秆的组成

农作物秸秆一般多为中空结构，秸秆表面层较硬或附着一层蜡质，农作物秸秆一般多来源于禾本科植物，与木材原料相比，它们的纤维短而细，且纤维素含量低于木材，因此秸秆强度低于木材。

农作物秸秆包括纤维素、半纤维素和木质素三个主要成分，除了三个主要成分以外，还包括一些无机成分，如钾、硅、钙、镁、磷等。

纤维素(cellulose)是植物细胞壁的主要组成成分，是由葡萄糖组成的一种多糖，是自然界当中分布最广、含量最多的一种多糖，不溶于水，柔顺性差。水稻秸秆中纤维素含量平均为 40%。工业上制造纸浆通常采用亚硝酸盐法或碱法，去除木质素，然后通过漂白剂进一步去除残留木质素制得。

半纤维素(hemicellulose)是在植物细胞壁中与纤维素共存的一种植物多糖，包括葡萄糖、木糖和半乳糖等。水稻秸秆中半纤维素含量为 15%～35%，因其不同的成熟度和不同的形态部位有很大差异。半纤维素较纤维素而言具有亲水性，可使细胞壁发生湿润膨胀，致使纤维具有弹性，因此在制造纸浆时残留的半纤维素有助于纸张的抗拉强度和透明度等。

木质素(lignin)是植物细胞壁三大组成成分之一，与纤维素和半纤维素相互连接，可以起到很好的抗压作用，是自然界中仅次于纤维素的第二位丰富的有机物。木质素被提炼后，呈现黄色粉末状，与其他化学试剂合成，可起到增强剂、辅助黏合剂和缓蚀剂等的作用。

7.4　制备工艺

7.4.1　模压工艺

模压工艺是指按照一定的配方比例将混料调制好后投放到加热的成型模具中，合模后保持一定的压力和保压时间，混料便可固化，脱模成型。

模压工艺成型分为纤维料模压、织物模压、层压模压、片材塑料模压、缠绕模压、预成型坯模压、定向铺设模压等等。

模压工艺的特点是：①生产工序简单，易成型，效率高；②精准模具定型，机械化和自动化程度高；③加工模具一次投入成本虽高，但是可以无限次加工生产制品，产品价格随着生产数量的增加而降低，模具加工复现性好，适合工厂化生产；④模压工艺可以一次性完成结构复杂的构件成型。

模压工艺应用在塑料件加工行业中，主要是用来加工机械零部件、电器件和日常用品等，主要应用对象是热固性塑料、热塑性塑料和橡胶材料。模压工艺应用在纤维料和刨花料加工行业中，主要加工生产板材和 3D 立体产品，如门板、包装箱、汽车仪表板和装修用板材等等。

7.4.2 模塑工艺

模塑工艺是指在特制的成型模具上定型后经热压或烘干工艺脱模成型。

模塑成型最典型的加工制品就是用纸浆模塑加工的蛋托。这种制备工艺后期延伸到水果包装、啤酒饮料包装及现在市面上可见的所有商品的缓冲包装,新型领域是目前农作物秸秆制成纸浆取代塑料原料,加工成各种一次性纸杯、纸盘和餐盒等等。

模塑工艺成型根据纸浆脱水原理分为真空成型法、液压成型法和压缩空气成型法等,真空成型法是最常用的一种模塑工艺。

(1)真空成型法是指利用真空技术,将成型模具投入到纸浆池中,使模具内腔产生负压,纸浆内的纤维均匀地吸附在模具上,大量的浆水通过过滤网被真空吸走回收,当吸附到模具上的纤维厚度达到制品厚度要求时,成型模具便从纸浆池中抽离,模具合模挤压脱水,最后再用压缩空气湿坯脱模,后期再干燥定型。这种工艺生产效率高,适合于薄壁制品的加工,例如:蛋托和其他包装材料等。

(2)液压成型法是指利用液压技术,将一定量的纸浆注入成型模具腔里,液压产生的压力使移动的模具向固定模具移动施压,浆水从模具过滤网排出,湿坯制品通过真空吸附脱模,进行定型。这种工艺适合加工厚壁和大密度的制品。例如:盘子型的制品等。

(3)压缩空气成型法是指利用气体动力学,向可拆卸的金属网状型槽中注满纸浆后,通过控制阀门再将纸浆注入到定量的容器中,向容器内部通入热的压缩空气,利用压缩空气在型槽内产生压力而成型。这种工艺适合加工外形复杂而内部中空的制品,例如:瓶和桶等。

7.5 黏合剂概述

黏合剂又称胶粘剂,是通过黏附力和内聚力将两种或两种以上的同性物质或异性物质材料黏接起来的物质。一般划分为无机黏合剂或有机黏合剂,天然黏合剂或人工合成黏合剂。粘接与焊接和机械连接被称为三大连接技术。

(1)天然黏合剂包括植物类(淀粉、纤维素、海藻酸钠等)和动物类(骨胶、鱼胶、血蛋白胶等)。这种黏合剂已经延续了上千年的历史,给人们的生活和生产带来了便利。随着科技的发展和各色行业的需求增加,天然黏合剂已经不能满足胶接要求,人们开始研究以合成高分子材料为基础的人工合成黏合剂。

(2)人工合成黏合剂一般由主剂和助剂组成。主剂是主导黏合剂黏结性能的,一般可以是天然高分子材料、合成树脂和橡胶等。助剂是为了使主剂增加黏结性能、加快粘接速度或是满足某些机械性能而辅助主剂添加的。其中,主剂——合成树脂被应用于各个行业之中,例如:木材加工业、建筑业、包装业、制鞋业和电子行业等等。合成树脂可以分为热固性树脂和热塑性树脂两大类。热固性树脂包括环氧树脂、酚醛树脂、脲醛树脂、氨基树脂、异氰酸酯等等;热塑性树脂包括聚乙烯树脂、聚丙烯树脂、聚氯乙烯树脂、聚丙乙烯树脂、聚四氟乙烯树脂等等。助剂——固化剂、增塑剂、填充剂、偶联剂和乳化剂等等。

黏合剂的功能包括:瞬间黏合、构件黏合、密封堵漏黏合、热熔黏合、耐高温黏合、电子器件黏合和医用黏合等。

7.5.1　分类方法

黏合剂的分类有很多种,按照不同的分类方法如下[7]:

(1)按主要组分分类,有无机黏合剂和有机黏合剂,其中有机黏合剂又分为天然黏合剂(动物胶和植物胶)和合成黏合剂(热塑性树脂黏合剂、热固性树脂黏合剂、橡胶型黏合剂和混合型黏合剂);无机黏合剂又分为磷酸盐型、硅酸盐型和硼酸盐型等。

(2)按胶接强度特性分类,可分为结构型、非结构型及次结构型三类。

(3)按固化形式分类,可分为溶剂型、反应型和热熔型。

(4)按外观形态分类,可分为溶液型、乳液型、膏糊型、粉末型、薄膜型和固体型等。

7.5.2 几种常见的黏合剂介绍

(1)脲醛树脂黏合剂

脲醛树脂具有胶合强度高、固化快、操作性能良好,且原料易得和成本低廉等特点;胶液为无色透明或呈乳白色,不污染木材胶合制品,有较好的耐水性、耐热性及耐腐性(与蛋白胶相比较),并且使用方便,被广泛采用。脲醛树脂黏合剂一般应用于木制品生产,如刨花板、胶合板、细木工板及中密度纤维板;脲醛树脂也可用作涂料及其他成型材料[8]。

(2)松香

松香是一种天然有机物,主要由各种树脂酸组成,外观为黄色脆性固体,色泽淡黄色至红色,松香的色泽直接影响到松香的级别,是松香质量最基本的指标要素,颜色越浅质量越好,级别越高。松香不溶于水,易溶于酒精、汽油、松节油和其他多种有机溶剂,用松香的主要成分——枞酸可以合成一系列光学活性和生物活性物质,这些物质对人体、其他生物或有机物有特殊的作用。松香具有防腐、防潮、绝缘、黏合、乳化、软化等化学活性。

(3)聚乙烯醇(PVA)

PVA树脂系列产品系白色固体,外形分絮状、颗粒状、粉状三种;无毒无味、无污染,具有较好的溶解性和黏度,水溶液透明,黏合力好,不但能溶于水,而且还能溶于甘油、乙二醇、醋酸和乙醛等,是一种可以在细菌和酶的作用下生物降解的高分子材料。在80～90℃水中溶解,其水溶液有很好的黏接性和成膜性;能耐油类、润滑剂和烃类等大多数有机溶剂;与淀粉、合成树脂的衍生物及各类表面活性剂均能相互混溶并且有较好的稳定性,具有长链多元醇酯化、醚化、缩醛化等化学性质，主要用于纺织行业经纱浆料、织物整理剂、维尼纶纤维原料；建筑装潢行业107胶、内外墙涂料、黏合剂；化工行业用作聚合乳化剂、分散剂及聚乙烯醇缩甲醛、缩乙醛、缩丁醛树脂；造纸行业用作纸品黏合剂；作日用化妆品包装、食品包装用黏合剂以及各种食品包装材料；农业方面用于土壤改良剂、农药黏附增效剂和聚乙烯醇薄膜；还可用于医疗卫生和高频淬火剂等方面。

(4)异氰酸酯

异氰酸酯具有黏度高和强度优良的性能，可在任何温度下固化，且热压不需固化剂，短时间内能达到黏合要求。尽管异氰酸酯是一种适应性很广的黏合剂，但价格昂贵，贮存期短，贮存条件要求特殊[9]。

(5)三聚氰胺甲醛树脂

三聚氰胺甲醛树脂是氨基树脂胶的一种，有很好的耐热性和耐水性，三聚氰胺树脂黏合剂有较大的化学活性且固化快，无须添加固化剂即可加热固化和常温固化。三聚氰胺甲醛树脂胶的贮存期较短，经改性后贮存期可延长，或制成粉状树脂胶贮存期更长。改性三聚氰胺树脂胶，由于价格较高，一般用于制造塑料贴面板，它广泛用于家具、建筑、车辆、船舶等方面[9]。

(6)改性脲醛树脂黏合剂

随着工业生产的发展和水平的提高，对脲醛树脂的性能要求更高，如：提高耐老化性、增强抗水性和改善黏接性能等[10]，需要对脲醛树脂进行改性以提高其性能。脲醛树脂其原料来源较广，价格便宜，改性后具有一定的耐水性和耐久性，可溶于水和一般溶剂，黏合力增强，使用方法较简单，胶层色浅，由于这些优点赋予它很强的生命力，目前已成为使用最普遍，用量最大的优良木材黏合剂之一。

7.6　本章小结

本书介绍的带钵移栽水稻秧盘，从原料配制的角度可分为两个阶段。第一个阶段,研究所选用的主料为水稻秸秆制成稻草粉,需要添加适宜的环保型黏合剂;第二个阶段,研究所选用的主料为水稻秸秆添加其他助剂制成纸浆,其中包括耐水性黏合剂和灭菌剂等。带钵移栽水稻秧盘既要满足秧苗生长农艺要求,又要具备运输过程中的干强度要求和育秧期到移栽时的湿强度要求。因此,针对不同的研究阶段,相关黏合剂的选取是关键。

带钵移栽水稻秧盘的制备工艺在研究初期属于首次研究,没有经验可以借鉴,需要参考类似产品的制备工艺,如:复合板材的制备、一次性餐具用品或是塑料产品的制备等。但水稻秧盘结构的复杂性,区别于复合板材结构的单一性;成分混料的弱流动性,又区别于塑料材料的良好成型性;秧盘是在营养丰富的育秧土和湿热的环境条件下使用35～40天,区别于一次性餐具短时间内的使用条件。因此,带钵移栽水稻秧盘制备工艺的选取亦是关键。

在带钵移栽水稻秧盘的整个研究历程里,原料配制和制备工艺经历了多次的变革,由稻草粉过渡到纸浆,由模压工艺过渡到模塑工艺。接下来的章节中,将逐一进行相关研究内容的介绍。

第8章　带钵移栽秧盘制备研究初探

8.1　成型制备难度分析

水稻秸秆纤维不如亚麻纤维、竹纤维、椰纤维应用广泛，主要原因取决于纤维特性的不同。水稻秸秆粉碎后的稻草粉纤维以短纤维为主，离散性大，不同于其他植物的长纤维。如果收割后在地里停滞时间较长，秸秆水分流失较多，秸秆粉碎后以粉末和粉尘居多，秸秆长纤维不明显，因此在简化生产环节不对稻草粉进行特殊分离处理的基础上，对于成型制备工艺和黏合剂的要求更高。

本章首先以稻草饼的形态为试验样品，进行带钵移栽水稻秧盘制备的初步研究，通过初步研究试求选择出适合本研究的制备工艺和黏合剂类型。

8.2　制备工艺初选

根据混合粉料的特性和比较多种模压工艺（注塑工艺、压缩工艺、压注工艺和挤出工艺）的特点，本研究初期所选用的制备工艺方式为压缩工艺。

压缩成型工艺的工作原理(图 8-1)是将纤维状的物料和黏合剂等混合物料投入由下凸模 4 和凹模 3 组成的模具型腔 7 内,然后将上凸模 2 插入型腔内合模,加热使其模具腔内的物料呈熔融状态,压力作用在凸模固定板 1 上使物料流动充满整个型腔,在保压时物料发生交联固化反应成型,最后开模再脱模得到加工件。

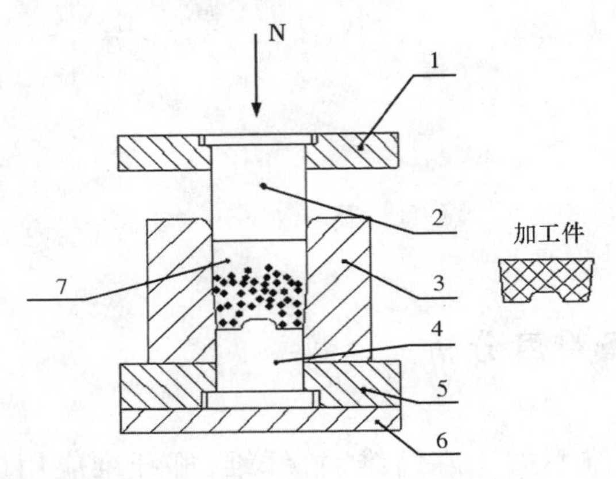

1.凸模固定板　2.上凸模　3.凹模　4.下凸模　5.凸模固定板　6.下模板　7.模具型腔

图 8-1　压缩工艺成型原理示意图

压缩成型工艺可以生产加工热固性材料,也可以生产加工热塑性材料,二者共同之处是在成型前的一段状态内情况相同。不同的是热固性材料可以在模具腔内直接发生反应固化成型,加工件可以在模具保温加热条件下脱模,模具可以连续加工生产;热塑性材料没有交联反应,模具必须经过冷却才可以固化成型,才能脱模成加工件,模具需要冷却和加热交替,导致生产周期比较长,因此热塑性材料在需要模压较大平面时才会采用此成型工艺。

压缩成型的优点是生产过程易于控制,应用设备及设计模具均相对较简单,易成型较大加工件,加工件变形较小;缺点是成型周期长和生产效率低。

8.3　黏合剂的对比和制备工艺的探索性试验

8.3.1　试验设备

试验设备有万能材料试验机(型号:WES-1000)、成型模具和半导体数字点温计、加热器、搅拌器等。成型模具由四部分组成:柱塞、活塞、套筒、底座。

工作过程:先按照试验方案比例配制好混料,投放到由套筒和底座组成的空腔内,再将活塞放入套筒中,同时将柱塞放置在活塞上,压力机对柱塞施压,压力传导给活塞,活塞再对物料施压,保压一段时间后,混料被压缩成饼,即完成一个工作过程,如图 8-2 所示。

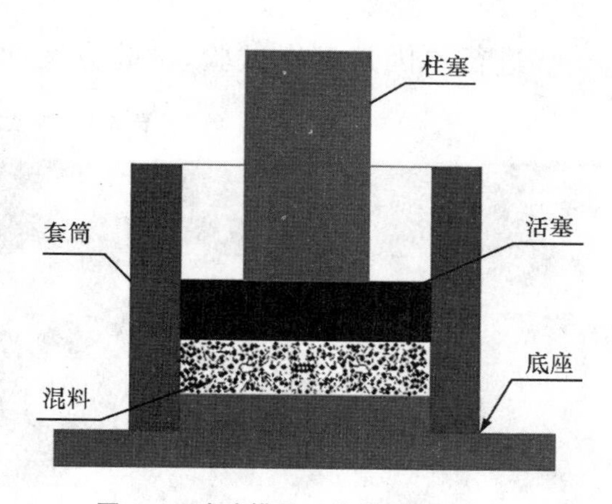

图 8-2　试验模具工作状态示意图

8.3.2　试验原料

水稻秸秆准备:本次试验用稻草来自于大庆周边水稻田,水稻秸秆经烘干法测定含水率为 14%～16%。

稻草粉准备:先将水稻秸秆用铡刀切成 100～150 mm 的小段,再由粉碎机进行粉碎,粉碎机筛网直径为 1.5 mm,粉碎后的稻草粉未经处理直接入袋,备试验时使用。

通过本小节试验和定性验证,探索黏合剂的类型及制备成型工艺。

8.3.3　黏合剂 A 和 B 的成型试验

(1)试验准备

模压方式:冷压;

试验用品：稻草粉；

黏合剂 A；

黏合剂 B（与水按 1:10 的比例熬制成溶液，待用）；

松香（配制成溶液，待用）；

试验设备：万能材料试验机（型号：WES-1000）、搅拌器、试验用模具装置。

工艺流程：拌料—填料—施压—保压—退模—取样。

（2）成型试验

进行单因素探索试验，试验方案如表 8-1 所示。

表 8-1 试验方案

试验号	成分配比/%			制备成型工艺	
	黏合剂 A	黏合剂 B	松香	压力/kN	保压时间/s
1	14	—	13	300	20
2	14	—	20	300	20
3	14	—	30	300	20
4	—	20	—	200	20
5	—	20	—	400	20
6	—	40	—	300	20
7	—	40	—	400	20
8	—	15	40	300	20
9	—	15	50	300	20
10	—	12	60	300	20
11	—	12	60	400	20
12	—	12	60	500	20

备注：每个方案重复 5 次试验。成分配比 $=\frac{\text{辅料量}}{\text{稻草粉量}}\times 100\%$，每次压制稻草饼的混料重为 30 g，以下试验方案配料方法与此相同。

（3）试验现象

试验现象均是在样品放置一天之后进行观察的，如表 8-2 所示。

表 8-2　试验现象

试验号	试验现象
1	松软，碎，易断裂，拿不成形
2	松软，碎，易断裂，拿不成形
3	有一定的强度，可拿成形，略有韧性，但韧性不大
4	强度、韧性均较好，可略弯曲，不断裂，手感有一定的强度感
5	韧性较好，可弯曲一定弧度，拉伸也较好，不断裂
6	松软，易断裂，手压在样品表面有一定的弹性
7	硬度好，韧性好，手压在样品表面略有弹性感
8	强度没有，松软，易碎，手拿取边缘发生弯曲断裂
9	松软，断裂，掉渣，不成形
10	干燥处有一定的强度，但韧性不好，弯曲断裂，潮湿处掉渣，不成形
11	有一定的强度，但弯曲立刻断裂，韧性不好，不掉渣
12	手压在样品表面有硬度感，有一定的弯曲韧性，但潮湿处易断裂

(4)浸水试验

通过试验指标定性验证选出使用试验4的样品进行浸水试验，如表8-3所示。

表 8-3　浸水试验

浸水时间/h	现象记录
0.5	仍然保持干燥时的强度和韧性；没有拉伸强度，一拉即断
1.0	强度和韧性仍很好；小幅度弯曲不发生断裂，弯曲角度为90°以上后发生断裂；没有拉伸强度
1.5	仍有强度和韧性；拿在手里没有自行断裂，有一定的弯曲度；易分裂，没有溶散，仍保持其自身的形状
3.0	仍有强度和韧性，易断裂，掉渣

(5)试验现象分析与讨论

通过本试验现象得出：

①表8-1中的试验1～3，在黏合剂A的比例、压力和保压时间一定的条件下，改变松香的比例，经表8-2中的试验1～3可得出，松香比

例的变化对强度和韧性有一定的影响,但影响甚微。

②表 8-1 和表 8-2 中的试验 4～5 和试验 6～7 表明,使用黏合剂 B 的样品韧性好于黏合剂 A 和松香复配的样品性能。表 8-1 和表 8-2 中的试验 4 和试验 5、试验 6 和试验 7 比较,在黏合剂 B 的比例和保压时间一定的条件下,压力的增加对强度和韧性有一定的影响,但影响甚微;试验 5 和试验 7 比较,在压力和保压时间一定的条件下,增加黏合剂 B 的比例对强度和韧性有一定的影响。

③表 8-2 中的试验 4～7 和试验 8～12 综合比较可得出,黏合剂 B 中添加松香对试验指标有一定的负面影响,使得黏合剂 B 的性能下降了。

④表 8-1 和表 8-2 中的试验 10～12 综合说明,增加压力对强度和韧性有一定的影响,但联系实际情况考虑,压力也不宜过大。

⑤表 8-3 的浸水试验说明,使用黏合剂 B 压制的试验样品有一定的抗水性,但成型的完整度和湿强度还远远没有达到预期要求,因此黏合剂 A 和黏合剂 B 无法作为试验用黏合剂。

8.3.4 黏合剂 C 的成型试验

(1)试验准备

模压方式:热压;

试验用品:稻草粉;

黏合剂 A;

黏合剂 B(与水按 1∶10 的比例配制成溶液,待用);

黏合剂 C;

松香(配制成溶液,待用);

脱模剂 A。

试验设备:万能材料试验机(型号:WES-1000)一台、搅拌器、加热器、成型模具和半导体数字点温计、试验用模具装置。

工艺流程:拌料(加热模具)—填料—施压—保压—退模—取样。

(2)成型试验

调换黏合剂，尝试使用黏合剂 C，同时尝试和黏合剂 A、黏合剂 B 复配考查其性能，而由于黏合剂 C 自身的特性，选择采用热压的方式。

进行单因素探索试验，试验方案如表 8-4 所示。

表 8-4　试验方案

试验号	成分配比/%			制备成型工艺		脱模剂	试验现象
	黏合剂 C	黏合剂 A	黏合剂 B	模温/℃	压力/kN		
1	30	—	—	80	300	×	粘模具，有一定的强度，但边缘掉渣
2	30	—	—	80	300	√	不粘模，强度好，边缘仍掉渣
3	60	—	—	80	300	√	不粘模具，强度较好，边缘有少部分掉渣
4	60	3	—	80	300	√	退模即断裂，没有强度
5	60	3	—	65	300	√	出模 1 h 后全部断裂
6	60	—	100	80	300	×	不粘模，但强度不够

备注：每个方案重复 5 次试验；"√"代表加脱模剂，"×"代表未加脱模剂；保压时间为 60 s。

(3)浸水试验

将试验 1～6 的试验样品放置水中一天后，观察发现全部试验样品都没有了抗水性，基本都散掉了。

(4)试验现象分析与讨论

通过试验现象得出：

①表 8-4 中的试验 1～3 表明，使用黏合剂 C 的试验样品成型时有一定的强度，但经浸水试验验证得出试验样品没有抗水性。

②试验 1 和试验 2 表明，在成分比例和制备成型工艺相同的条件下，使用脱模剂的脱模效果优于未使用脱模剂的脱模效果，但改善不了边缘掉渣现象。

③从试验 2 和试验 3 中可以看出，增加施胶量对成型有很大的影响，可改善边缘掉渣现象，因为施胶量越大，稻草粉与黏合剂结合得越

紧密。

④为了增加抗水性,采用复配黏合剂。试验4～6的试验现象说明,黏合剂C与黏合剂A、黏合剂B都无法形成复配黏合剂,复配的结果反而影响黏合剂C自身的黏接性能。

⑤从试验整体来看,使用脱模剂A对样品成型的完整性有很大的帮助,可作为以后试验的借鉴;在施胶量增大的情况下,强度有所改善,但浸水后没有任何强度,因此黏合剂C及黏合剂C与黏合剂A或黏合剂B的复配黏合剂都无法作为试验用黏合剂。

8.3.5 黏合剂D的成型试验

(1)试验准备

模压方式:热压;

试验用品:稻草粉;

黏合剂D;

固化剂;

脱模剂A。

试验设备:万能材料试验机(型号:WES-1000)一台、搅拌器、加热器、成型模具和半导体数字点温计、试验用模具装置(参见图8-2)。

工艺流程:拌料(加热模具)—填料—施压—保压—退模—取样。

(2)成型试验

调换黏合剂,试用黏合剂D,为了加快黏合剂的固化速度,缩短压制时间,需加入一定量的固化剂,保证脱模效果使用脱模剂A,本试验仍需采用热压的方式,试验方案如表8-5。

试验过程说明:试验1～3只在配料时添加脱模剂,脱模效果不稳定,为保证其顺利脱模,故试验4～8除成分配比时施加脱模剂外,同时将模具表面涂上一层脱模剂,以提高脱模性能,而试验9的成分里不添加脱模剂,模具表面涂抹脱模剂。

表 8-5　试验方案

试验号	成分配比/%			制备成型工艺		试验现象
	黏合剂 D	固化剂	脱模剂 A	模温/℃	压力/kN	
1	100	5	50	120	300	成型完整，局部粘模，有一定的强度
2	50	5	50	120	300	成型完整，脱模容易
3	30	5	30	120	300	成型完整，脱模容易，有一定的强度
4	20	5	30	100	300	成型完整，脱模容易，有强度
5	20	5	10	100	300	成型完整，脱模容易，有强度
6	15	5	10	120	600	成型完整，脱模容易，有强度
7	15	0.8	10	100	300	成型完整，脱模容易，有强度
8	15	5	10	120	300	成型完整，脱模容易，有强度
9	15	5	0	120	300	成型完整，脱模容易，有强度

备注：每个方案重复 5 次试验；保压时间为 60 s。

(3)浸水试验

将试验样品放入水中观察现象，如表 8-6。

表 8-6　浸水试验

试验号	试验现象
1	浸水一段时间后略有膨胀现象，一天后观察湿强度较好，在九组试验中强度最好
2	浸水一段时间后膨胀，但整体完整；一天后观察整体没有散掉，但湿强度不好
3	浸水一段时间后膨胀、发软，一天后观察有一定的湿强度
4	浸水一段时间后膨胀、发软，一天后观察湿强度较试验 3 弱
5	放入水中膨胀、掉渣，过一段时间后没有强度，一天后观察整体散掉
6	放入水中膨胀、掉渣，过一段时间后没有强度，一天后观察整体散掉
7	放入水中没有立即膨胀，过一段时间后一碰即散
8	放入水中膨胀、掉渣，过一段时间后没有强度，一天后观察整体散掉
9	放入水中膨胀、掉渣，过一段时间后没有强度，一天后观察整体散掉

(4)试验现象分析与讨论

①从试验1～9的浸水试验现象可看出,在相同条件下,施胶量的大小对样品浸水后的抗水性有很大的影响,施胶量越大,抗水性越好;施胶量越小,抗水性越差。

②在表8-5中的试验4和试验5表明,在黏合剂、固化剂、模温和压力相同的条件下,使用不同比例的脱模剂对成型性能的影响甚微。试验9配料中没有添加脱模剂,脱模效果依然很好,根据试验经验体会成型的好坏跟模具表面的光滑度有关,将模具表面涂上一层脱模剂即可改善表面光滑度。

③在表8-5中的试验6和试验8表明,在黏合剂、固化剂、脱模剂和模温相同的条件下,当压力达到成型压力后,增加压力对成型性能影响甚微。

④经试验得出施胶量的大小是抗水性的主要影响因素;不改变脱模剂种类的前提下,内部施加脱模剂可改为模具表面涂抹一层脱模剂,从而缩减配料工序;尽管黏合剂D的成型性能优于前三种黏合剂,但通过浸水试验观察,黏合剂D仍然无法作为试验用黏合剂。

8.3.6 黏合剂E的成型试验

(1)试验准备

模压方式:热压;

试验用品:稻草粉;

黏合剂E;

固化剂;

脱模剂A。

试验设备:万能材料试验机(型号:WES-1000)一台、搅拌器、加热器、成型模具和半导体数字点温计、试验用模具装置,如图8-2所示。

工艺流程：拌料(加热模具)—填料—施压—保压—退模—取样。

(2)成型试验

调换黏合剂，试用黏合剂 E，为了加快黏合剂的固化速度，缩短压制时间，仍需加入一定量的固化剂，本试验采用热压的方式，试验方案如表 8-7。

表 8-7　试验方案

试验号	成分配比/%			制备成型工艺		试验现象
	黏合剂 E	固化剂	脱模剂 A	模温/℃	压力/kN	
1	100	0.5	10	120	300	成型完整，脱模容易，有一定的强度
2	90	0.5	10	120	300	成型完整，脱模容易，有胶斑，有一定的强度
3	80	0.5	10	120	300	成型完整，脱模容易，有一定的强度
4	70	0.5	10	120	300	成型完整，脱模容易，有胶斑，有强度
5	60	0.5	10	120	300	成型完整，脱模容易，有强度
6	50	0.5	10	120	300	成型完整，脱模容易，有胶斑，有强度

备注：每个方案重复 5 次试验；保压时间为 60 s。

试验过程说明：

①为了更好地验证黏合剂 E 的成型和抗水性能保证脱模时不粘模，本次试验在配料中加入脱模剂的同时，模具表面依然涂抹一层脱模剂。

②为了验证黏合剂的性能，本试验只进行施胶量的单因素试验，其他试验因素水平保持一定。

(3)浸水试验

将试验样品放入水中观察现象，如表 8-8。

表 8-8 浸水试验

试验号	试验现象
1	浸水一段时间后没有变化，整体完整；一天后观察整体湿强度仍然很好
2	浸水一段时间后没有变化，整体完整；一天后观察整体湿强度仍然较好
3	浸水一段时间后边缘略有膨胀现象，一天后观察湿强度较好
4	浸水一段时间后边缘略有膨胀现象，一天后观察湿强度较好
5	放入水中膨胀、掉渣，一天后观察边缘散掉，中心湿强度还好，弯曲断裂
6	放入水中膨胀、掉渣，一天后观察边缘散掉，中心湿强度还好，弯曲断裂

(4)试验现象分析与讨论

通过本试验现象得出：

①从整体来看表 8-7 中的试验 1～6 表明，与先前的黏合剂相比，样品性能有了很大的提高，表 8-8 中的试验 1～6 表明，湿强度也明显改善。通过浸水试验得出，施胶量的大小是影响样品性能指标的主要因素。

②表 8-7 中的试验 2、4 和 6 出现胶斑现象说明混料时搅拌不均匀。根据试验经验和体会得出，提高搅拌次数和延长搅拌时间，可改善胶斑现象，从而提高了样品的性能。

③在压制过程中有跑料现象，此现象影响样品边缘的抗水性能，可通过减少模具表面涂抹脱模剂的量和缓慢施压这两个措施改善，效果比较明显。通过成型试验和浸水试验验证，黏合剂 E 可作为试验用黏合剂。

8.3.7 黏合剂的选取

通过五种黏合剂的成型试验比较得出，适用于本试验研究的黏合剂是黏合剂 E，其性能最稳定，样品抗水性最好；同时确定了工艺流程为拌料(加热模具)—填料—施压—保压—退模—取样。

8.4 单因素验证试验

为了给秧盘制备试验提供确切的配方比例和成型工艺，现重复施胶量的单因素验证试验，试验用黏合剂为黏合剂 E。

试验工艺：热压，模具温度为 120℃，压力为 50～60 kN，保压时间为 60 s；

脱模剂：脱模剂 A；

施胶量：100％、90％、80％；

试验现象(制备试验现象、埋土试验现象、浸水试验现象)记录如表 8-9。

表 8-9　试验现象

试验号	配方比例/％	制备试验现象	埋土试验现象	浸水试验现象
1	100	个别有分层现象、压制时有跑料现象，三个样品的强度较好	表面、边缘没有变化，强度没有变化	分层处没有膨胀现象，整体强度完好，没有掉渣和膨胀现象
2	90	个别有分层和跑料现象，三个样品的强度较好	边缘没有变化，表面有白毛生成、起泡现象，强度没有变化	没有变化，强度较好
3	80	个别有分层现象，个别边缘有掉渣现象	边缘有膨胀现象，表面起毛刺，同时有掉渣现象，整体强度还可以	没有膨胀现象，但个别有掉渣现象，整体强度较好

备注：每个试验方案重复 5 次试验。

试验现象分析与讨论：

①每个试验配方均有分层现象，出现此现象的原因主要与脱模剂的使用量和出压时排气的情况好坏有关，脱模剂使用量大时，脱模剂将稻草粉包裹起来，影响了黏合剂的粘接，进而产生中间分层现象；其

次,由于黏合剂是水溶性黏合剂,含有大量的水,模具的温度超过了100℃,在压制时水变成了水蒸气,混料中形成气层,当保压时黏合剂已经发生固化现象,无法将分层的两部分重新黏合在一起,导致现象的发生。

②在上述试验中,三种配方比例均有跑料现象,出现此现象的原因主要与黏合剂的施胶量和施压的速度有关。施胶量大时,黏合剂很容易从稻草粉中分离出来;同时在黏合剂施胶量大、施压速度过快时,工作腔内的气体无法迅速排出,混料便随着气体从模具缝隙中跑出。

③用黏合剂为80%的个别样品有掉渣现象,说明拌料没有拌匀,往模具中填料也很重要,填料不均匀,会造成压制时受压不均匀,料厚的一边料被压实,料薄的一边没有被压实以至于松散,便产生了掉渣现象。

8.5 本章小结

通过黏合剂的选择及制备成型工艺的探索性试验及单因素验证试验得出以下结论:

(1)采用模压工艺,工艺流程为拌料—填料—施压—保压—退模—取样。

(2)通过大量成型试验和浸水试验最终选择黏合剂类型为黏合剂E。试验现象表明成型性能及抗水性主要与黏合剂的性能和施胶量有关,压力和温度也有一定的影响。试验表明黏合剂的施胶量太小,成型性和抗水性达不到试验要求,施胶量太大又伴随有分层和跑料现象,综合考虑改善此现象的方法是适当减少脱模剂、缓慢施压、注意排气及排气次数。

(3)模具的温度也可影响到脱模效果。温度太低出现粘模现象;温度太高又会出现分层现象,此现象是由于模具温度太高,黏合剂在模具内腔中发生气化使样品分层，影响脱模效果，可将温度控制在一定范围内，缓解此现象的发生。

(4)试验得出较优的工艺参数为施胶量 100%(黏合剂 E)、固化剂 0.5%、温度 110～120℃、压力 50～60 kN、保压时间 60 s。

第9章 带钵移栽水稻秧盘热模工艺研究

第8章就成分配比和制备成型工艺进行了以稻草饼为试验样品的探索性试验，证明了模压工艺方案具有可行性，即以稻草粉为主料，添加一定量的黏合剂，经热模成型工艺，可压制出一定形态的稻草饼。本章借鉴稻草饼的探索性试验进行带钵移栽水稻秧盘热模工艺的试验研究。

尽管稻草饼的探索性试验提供了较有利的试验参数借鉴，但秧盘的外形与稻草饼的形状相差甚远，且模具较复杂，大模具每次混料用量与小模具不同，因此带钵移栽水稻秧盘热模工艺仍需进行大量的试验研究。

9.1 试验装置

9.1.1 试验装置组成

试验装置(图9-1)包括两部分：

压力机：液压成型机(型号：YJ-1000)，本压力机由一个液压缸完成工作过程，最大压力为30 MPa，附带加热板和操控系统。

成型模具：模具材料为模具钢，包括上模（凸模）、下模（凹模）、退料板和料框四部分，上模和下模直接与压力机相连。

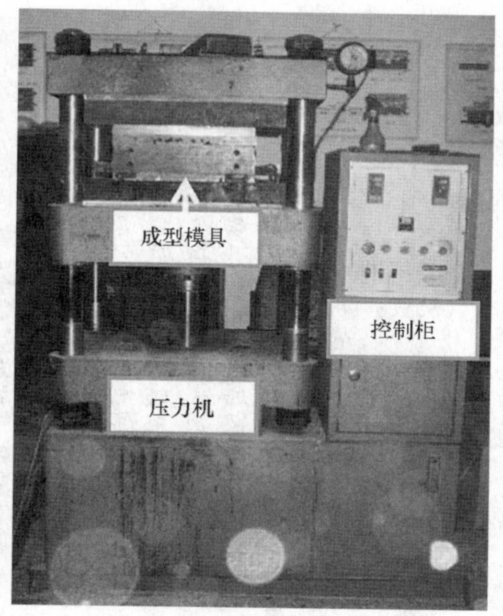

图 9-1　试验装置

9.1.2　试验装置性能测试

与先前试验用成型机在施压方式上有所不同外，本试验装置最大的优点是控温装置设定温度后通过加热板可对模具进行直接加热，为了熟练操作试验装置和保证探索性试验提供的主要影响因素较优值在本试验装置上的可信度，进行验证试验。见表 9-1、表 9-2 和表 9-3。

试验结果与分析：

(1)表 9-1 中试验 1～5 是在施胶量、混料量、脱模剂、设置温度、压力与保压时间一定条件下进行的重复试验，试验均失败。试验 6～18 是在设置温度、压力与保压时间一定情况下将施胶量调整到 150％时，同时调整两种不同的混料量进行重复试验，试验结果均有成功和失败。试验结果表明，按先前的试验因素在新的试验装置上进行初次试验的结果不稳定。

(2)表 9-2 中在施胶量、脱模剂、设置温度、压力和保压时间一定条件下，调整两种混料量进行重复试验，试验样品外形均完整，且脱模效果较好。同时试验操作更加熟练，基本掌握了新试验装置的操作方法。

(3)表 9-3 中降低施胶量至 80％，采用两种混料量，其他因素不变进行重复试验，试验样品个别脱模失败外，其余样品整体完整，成型硬度较好，符合成型试验要求。

表 9-1 试验方案

试验号	施胶量/%	混料量/g	脱模剂/g	设置温度/℃	下模温度/℃	上模温度/℃	压力/MPa	保压时间/s	试验现象
1	100	15	5	150	90	70	5	80	跑料，不成型，试验失败
2	100	15	5	150	90	70	5	80	试验失败
3	100	15	5	150	90	70	5	80	换两次气，断热，试验失败
4	100	15	5	150	90	70	5	80	模具表面涂脱模剂，断热，排三次气，试验失败
5	100	15	5	150	90	70	5	80	模具表面涂脱模剂，断热，排五次气，试验失败
6	150	14	0	130	75	80	8	80	模具表面涂脱模剂，断热，排三次气，试验成功
7	150	14	0	130	80	100	10	80	模具表面涂脱模剂，断热，排三次气，试验成功
8	150	14	0	130	80	90	10	80	模具表面涂脱模剂，断热，排三次气，操作失误导致试验失败
9	150	13	0	150	90	95	15	80	模具表面涂脱模剂，压力太大跑料，导致试验失败
10	150	13	0	130	85	90	10	80	模具表面涂脱模剂，持续加热，试验失败
11	150	13	0	130	75	95	10	80	模具表面涂脱模剂，断热，排第二次气时试验失败
12	150	13	0	130	80	65	10	80	模具表面涂脱模剂，断热，排三次气，卸压后模具自动胀开，试验失败
13	150	13	0	130	75	75	10	80	模具表面涂脱模剂，断热，排二次气，试验成功
14	150	13	0	130	80	75	10	80	模具表面涂脱模剂，断热，由于跑料不进行二次排气，提高保压时间
15	150	13	0	130	75	75	10	80	模具表面涂脱模剂，断热，脱模时断层，试验失败
16	150	13	0	130	65	100	10	80	模具表面涂脱模剂，断热，排二次气，上模温度太高，粘模具，但没有分层
17	150	13	0	130	80	80	10	80	模具表面涂脱模剂，断热，排二次气，上下模具均粘料
18	150	13	0	130	75	80	10	80	模具表面涂脱模剂，断热，排二次气，试验失败，脱模时松散，没有压牢

备注：每组试验重复 5 次，固化剂用量为 0.5%。

表 9-2　试验方案

试验号	施胶量/%	混料量/g	脱模剂/g	设置温度/℃	下模温度/℃	上模温度/℃	压力/MPa	保压时间/s	试验现象
1	100	13	1	130	87	91	10	90	断热,成型,但中心有断层,试验成功
2	100	13	1	130	70	90	10	90	断热,脱模容易,稻草饼边缘有分层现象,试验成功
3	100	13	1	130	79	79	10	90	脱模容易,成型,但还是有分层现象,试验成功
4	100	12	1	130	66	58	10	90	外形完好,没有分层现象,试验成功
5	100	12	1	130	87	80	10	90	稻草饼边缘有一处缺口,其他部分完好,没有分层现象,试验成功
6	100	12	1	130	63	63	10	90	脱模容易,没有分层现象,试验成功
7	100	12	1	130	78	78	10	90	外形完整,与前面的探索试验的样品一致,试验成功
8	100	12	1	130	80	72	10	90	外形完整,与前面的探索试验的样品一致,试验成功

备注:每组试验重复 5 次,固化剂用量为 0.5%。

表 9-3 试验方案

试验号	施胶量/%	混料量/g	脱模剂/g	设置温度/℃	下模温度/℃	上模温度/℃	压力/MPa	保压时间/s	试验现象
1	80	12	1	130	73	85	10	90	有分层现象,但形状完整,试验成功
2	80	12	1	130	79	75	10	90	有分层现象,但形状还好,试验成功
3	80	12	1	130	66	64	10	90	没有分层现象,但边缘有断裂现象,可能与模具边缘缺陷有关,试验成功
4	80	12	1	130	71	61	10	90	上模温度低,没有压实,试验失败
5	80	6	1	130	68	88	10	90	反正面颜色一致,没有气泡,试验成功,但料量太少,稻草饼厚度太薄
6	80	10	1	130	67	65	10	90	中间完整,没有气泡,但边缘有缺口,试验成功
7	80	10	1	130	75	89	10	90	没有气泡,边缘掉料,试验成功
8	80	10	1	130	71	84	10	90	没有气泡,边缘掉料,试验成功
9	80	10	1	130	73	85	10	90	边缘完整,中心粘模具,脱模后中心有裂痕,试验失败
10	80	10	1	130	73	85	10	90	外形完整,完全与前面进行的试验样品相同,符合要求,试验成功
11	80	10	1	130	66	75	10	90	外形完整,完全与前面进行的试验样品相同,符合要求,试验成功
12	80	10	1	130	67	80	10	90	外形完整,完全与前面进行的试验样品相同,符合要求,试验成功
13	80	10	1	130	66	72	10	90	外形完整,完全与前面进行的试验样品相同,符合要求,试验成功

备注:每组试验重复 5 次,固化剂用量为 0.5%;试验过程持续加热。

9.2　带钵移栽水稻秧盘尺寸设计

本试验秧盘设计主要有以下几点要求：

(1)钵孔营养空间足够大；

(2)控制秧盘总体重量，以便于育秧期后起盘及运输；

(3)与水稻栽植机(插秧机)配套使用，实现自动进给。

为了满足上述几点要求，本试验改变塑料钵育秧盘圆形钵孔的设计思路，将钵孔设计成方形孔，经测定每个方形孔用土量是圆形孔的 3.2 倍，秧苗有足够的营养空间；钵孔交叉中心处均是通孔(孔径为 3 mm)，此通孔的作用是既可以与插秧机的进给轮配合使用实现自动进给，又可以降低秧盘的整体重量。

秧盘共有 29×14＝406 孔，秧盘尺寸为长×宽＝600 mm×280 mm，每个钵孔尺寸为长×宽×高＝18 mm×18 mm×20 mm，立边平均厚度为 2 mm，如图 9-2 所示。

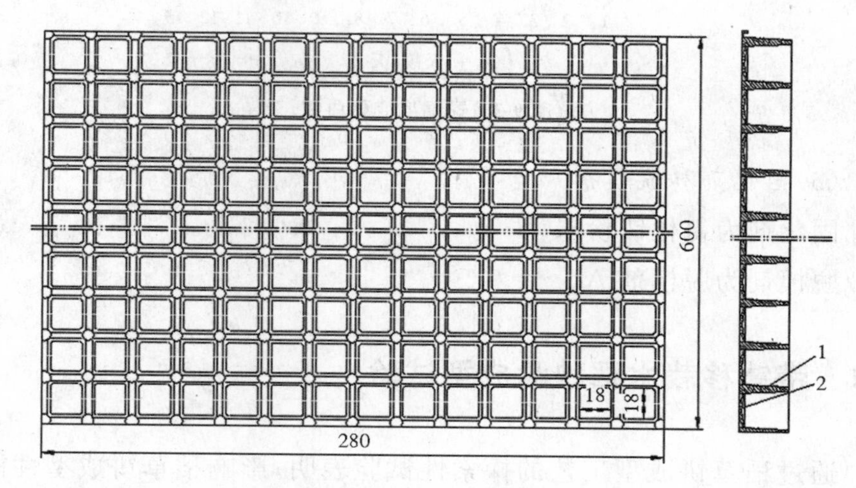

1. 秧盘立边　2. 秧盘底面

图 9-2　带钵移栽水稻秧盘

9.3 试验材料准备

(1)稻草粉

试验所用稻草粉经切断后由粉碎机进行粉碎,筛子直径为 2 mm。为了便于大工业生产,稻草粉没有经过任何筛选和去灰分,粉碎后直接使用,以下试验均使用此次粉碎的稻草粉。

(2)黏合剂

黏合剂为黏合剂 E,其黏稠度随时间变化如图 9-3 所示。

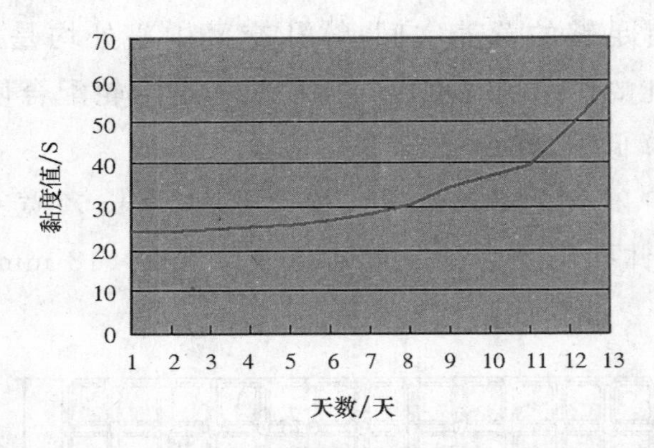

图 9-3 黏稠度变化曲线

(3)固化剂和脱模剂

固化剂为氯化铵粉末。

脱模剂为脱模剂 A。

9.4 带钵移栽水稻秧盘成型试验

通过稻草饼成型工艺的探索性试验表明,影响稻草饼成型性能的因素很多,除了选择适当的黏合剂种类外,还有黏合剂的施胶量、固化剂用量、模具温度、压力和保压时间等影响因素,带钵移栽水稻秧盘成型性能的影响因素可借鉴稻草饼的因素进行选择。但带钵移栽水稻秧盘无论从成型模具还是外形上均与稻草饼存在着很大的差异,因此秧盘的成型试验仍需进行探索性试验。

秧盘成型试验尚属首次,各试验因素在借鉴稻草饼试验较优值的基础上,同时根据试验效果灵活调整各影响因素的取值范围。

试验现象见表 9-4。

表 9-4　成型试验现象

试验号	施胶量/%	混料量/g	上模温度/℃	下模温度/℃	保压时间/s	试验现象
1	100	1 400	120	120	200	初次试验秧盘整体成型,但秧盘边缘没有立边
2	100	1 400	83	65	400	没有成型
3	100	1 500	102	104	200	整体发酥,整体没有立边
4	100	1 500	70	70	200	试验失败,胶没有固化,中间缺料
5	150	1 400	130	130	200	立边发酥,立边明显地看出胶体分离,底面为稻草底、立边都是胶
6	100	1 400	130	130	200	立边不完整,整体不成型,底厚
7	80	1 400	130	130	200	试验失败
8	50	1 500	130	140	500	胶少,整体盘发散
9	80	1 300	130	130	300	试验失败,立边边缘发散
10	100	1 300	130	130	300	试验失败,胶粉分离

备注:每组试验重复 5 次,固化剂用量为 0.5%,压力为 30 MPa。

试验结果分析:

(1)从表 9-4 的试验现象总体来看,本次试验大秧盘基本成型,但成型的性能远未达到预想要求。

(2)表 9-4 中的各试验是分别在施胶量、模具温度和保压时间等影响因素的不同水平取值条件下进行的。试验样品均出现不同程度的胶粉分离现象,“跑胶”现象严重,出现此现象的主要原因是当上下模具受压后,模腔内的物料挤压到模具缝隙中形成立边,黏合剂受压后流动性好于稻草粉,随着压力的继续增加,黏合剂便从稻草粉中分离出来,出现胶粉分离、“跑胶”现象。

(3)为了改善胶粉分离和“跑胶”现象,根据人造刨花板压制原理和经验,向黏合剂里添加一定量的添加剂可有效地改善“跑胶”现象。

试验方案见表 9-5。

表 9-5 试验方案

试验号	施胶量/%	混料量/g	添加剂/%	上模温度/℃	下模温度/℃	保压时间/s	试验现象
1	100	1 300	6	147	149	300	“跑胶”现象有所缓解,但成型效果不好,底厚、立边短
2	100	1 300	6	145	140	300	上料后排过三次气,试验样品成型完整度很好,试验成功
3	100	1 300	6	148	150	300	试验失败,立边与底面分层
4	100	1 300	6	143	148	300	秧盘底面粘在下模具上,退模后与秧盘立边分层
5	100	1 300	6	146	144	300	试验失败,秧盘中部发生粘模现象,中部底面被粘掉
6	100	1 300	6	146	148	300	下模具表面喷脱模剂,上料后排过三次气,成型完整,试验成功
7	100	1 300	6	143	144	300	下模具表面喷脱模剂,上料后排气,试验成功
8	100	1 300	6	146	148	300	下模具表面喷脱模剂,上料后排气,试验成功
9	100	1 300	6	143	144	300	下模具表面喷脱模剂,上料后排气,试验成功
10	100	1 300	6	143	144	300	下模具表面喷脱模剂,上料后排气,试验成功

备注:每组试验重复 5 次,固化剂用量为 0.5%,压力为 30 MPa。

试验结果分析:表 9-5 中的试验 1～10 是在试验因素不变的情况下,添加一定量的添加剂后进行的重复试验。从试验 1～10 的试验现象可以看出,秧盘的成型性能越来越好。因此,通过表 9-5 中的试验现象定性验证得出,向黏合剂内加入一定量的添加剂对成型有一定的影响;为确保试验顺利地进行,施压之前需向模具内表面喷上一层脱模剂;同稻草饼试验一样,为避免模腔内存有残余气体造成“分层”现象,在压制初期应适当进行排气。

9.5　带钵移栽水稻秧盘热模工艺参数的单因素试验

通过大量的探索性试验得出，影响秧盘成型性能的因素很多，现分别进行各因素对成型性能影响的单因素试验研究。

9.5.1　施胶量对成型性能的影响

本试验是在固化剂为 0.5%；添加剂为 80 g；混料重为 1 200 g；压力为 30 MPa；模具温度为 120～130℃；保压时间为 300 s 的情况下，施胶量取 80%、100%、120% 三个不同比例进行的。

成型性能的定性验证指标为：

A——整体不成型，试验失败；

B——整体成型，局部粘模具，试验失败；

C——整体成型完整，试验成功。

本试验通过计算各定性指标在试验现象中出现的概率值，考查因素对成型性能的影响。

每种施胶量进行 10 次重复试验。

试验结果如图 9-4 所示。

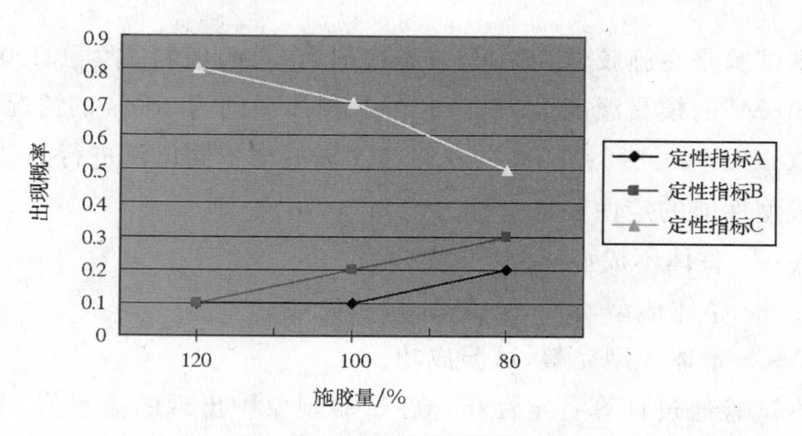

图 9-4　指标性能概率

试验结果分析：

(1)图 9-4 表明，每种施胶量的试验结果中三种试验定性指标均都出现过，只是在不同施胶量时各自出现概率有所不同。

(2)从图 9-4 中可以看出，当施胶量为 120%时，指标 A、B 的出现概率均等且最小，指标 C 的出现概率最大，此试验现象说明当黏合剂的施胶量为 120%时，试验结果最有可能出现的成型性能是秧盘整体成型完整，试验成功。

(3)当施胶量为 100%时，与施胶量 120%相比，指标 A 的出现概率没有变化，指标 B 的出现概率有所增大，说明提高了试验失败的可能性，而指标 C 的出现概率大于指标 A 和指标 B，因此“秧盘整体成型完整，试验成功”出现的可能性仍然很高。

(4)当施胶量为 80%时，指标 A 和指标 B 的出现概率都有所增大，增长趋势相同，同时伴随着指标 C 出现概率的减小，但概率值仍大于前两者，说明施胶量为 80%时最有可能出现的成型性能仍是指标 C。

(5)结果分析得出，施胶量对成型性能有很大影响，施胶量越大，成型性能越好，反之亦然，由试验结果可以看出，施胶量范围为 80%～120%。

9.5.2 固化剂对成型性能的影响

本试验是在施胶量为 100%；添加剂为 80 g；混料重为 1 200 g；压力为 30 MPa；模具温度为 120～130℃；保压时间为 300 s 的情况下，固化剂取 0.1%、0.2%、0.5%、0.8%、1.0%五个不同比例进行的。

成型性能的定性验证指标为：

A——整体不成型，试验失败；

B——整体成型，局部粘模具，试验失败；

C——整体成型完整，试验成功。

本试验通过计算各定性指标在试验现象中出现的概率值，考查因素对成型性能的影响。

每种固化剂量进行10次重复试验。

试验结果如图9-5所示。

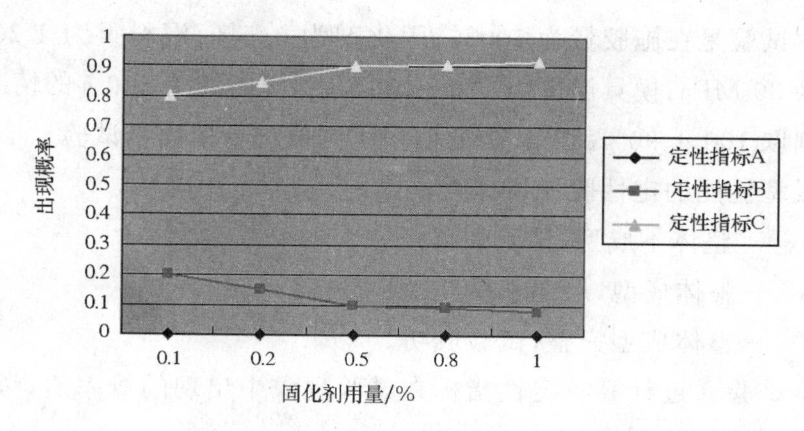

图9-5　指标性能概率

试验结果分析：

(1)图9-5表明，固化剂取五种不同比例时，指标A均未在试验结果中出现过，指标B和指标C的变化趋势也不大。

(2)从图9-5中可以看出，当固化剂用量为0.1%时，指标B出现概率大于其他四种比例，而指标C出现概率小于其他四种比例，出现此现象的原因主要是由于在相同温度和保压时间的情况下，固化剂用量越少，黏合剂固化速度越慢，影响了成型效果。

(3)当固化剂用量由0.1%变化到0.5%时，指标B呈线性变化，出现的概率逐渐减小，同时伴随着指标C的线性增大；当固化剂用量由0.5%变化到1.0%时，指标B和指标C的出现概率几乎没有变化，说明固化剂的用量在此范围内变化对成型性能影响并不大。

(4)结果分析得出，使用固化剂的比例虽然对成型指标影响不大，但它可以加快黏合剂的固化速度，对试验是有帮助的，因此成分配比中不可以将它除去。根据以往试验观察，使用固化剂的比例大时，秧盘放置一段时间后将会变脆，易于折断，不利于储藏和搬运，因此固化剂用量范围为0.2%～0.8%。

9.5.3 添加剂对成型性能的影响

本试验是在施胶量为100%；固化剂为0.5%；混料重为1 200 g；压力为30 MPa；模具温度为120～130℃；保压时间为300 s的情况下，添加剂取100 g、90 g、80 g、70 g四个不同值进行单因素试验。

成型性能的定性验证指标为：

A——整体不成型，试验失败；

B——整体成型，局部粘模具，试验失败；

C——整体成型完整，试验成功。

本试验通过计算各定性指标在试验现象中出现的概率值，考查因素对成型性能的影响。

每种添加剂取值进行10次重复试验。

试验结果如图9-6所示。

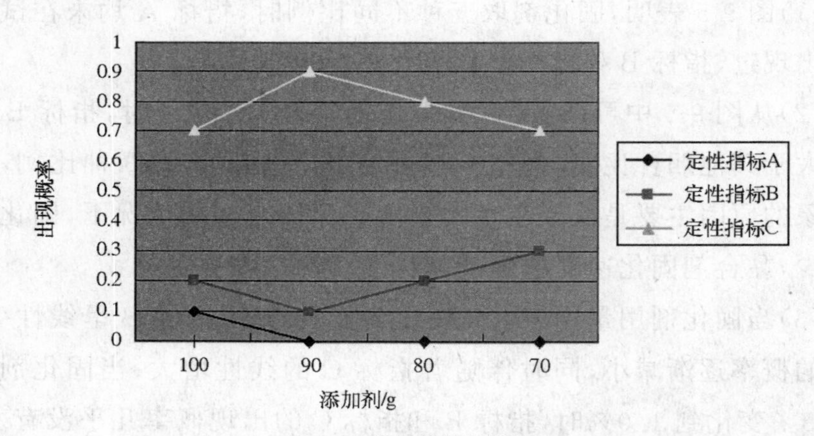

图9-6 指标性能概率图

试验结果分析：

(1)从图9-6可以看出，随着添加剂用量的变化，各指标在试验结果中出现概率的变化趋势不同，随着用量的减少，指标A出现概率线性减小，当用量减少至为90 g时，指标A不再出现。

(2)随着用量的减少，指标B的出现概率变化趋势是先线性减小后线性增大，当用量为 90 g 时出现的概率最小，而指标 C 出现概率变化趋势恰好与指标 B 截然相反，先增加后减少，在用量为 90 g 时出现概率最大，说明此点取值时性能指标最优。

(3)结果分析说明，添加剂用量的多少对成型性能有很大的影响，用量太大时不利于秧盘的成型，但试验过程中当添加剂用量为 70 g 时，有“跑胶”现象，因此结合试验分析结果和试验观察选择添加剂用量范围为 80～100 g。

9.5.4　混料重对成型性能的影响

根据试验观察混料重少时秧盘立边不完整，有缺料现象；混料重多时秧盘底厚，秧盘边缘多料，既浪费了混料又易造成立边分层影响脱模效果，因此需要对混料重进行研究。

本试验是在施胶量为 100%；固化剂为 0.5%；添加剂为 80 g；压力为 30 MPa；模具温度为 120～130℃；保压时间为 300 s 的情况下，混料重取 1 100 g、1 200 g、1 300 g、1 400 g 四个不同值进行单因素试验。

成型性能的定性验证指标为：

A——整体不成型，试验失败；

B——整体成型，局部粘模具，试验失败；

C——整体成型完整，试验成功。

本试验通过计算各定性指标在试验现象中出现的概率值，考查因素对成型性能的影响。

每种混料重取值进行 10 次重复试验。

试验结果如图 9-7 所示。

试验结果分析：

(1)从图 9-7 中可以看出，定性指标 A 未在试验结果中出现过，说明四种混料重都可以成型，只是成型效果不同而已。当混料重在 1 100～1 200 g 范围内时，指标 B 出现概率的减小趋势和指标 C 出现概率的增大趋势的大小是相同的；当混料重在 1 200～1 300 g 范围内

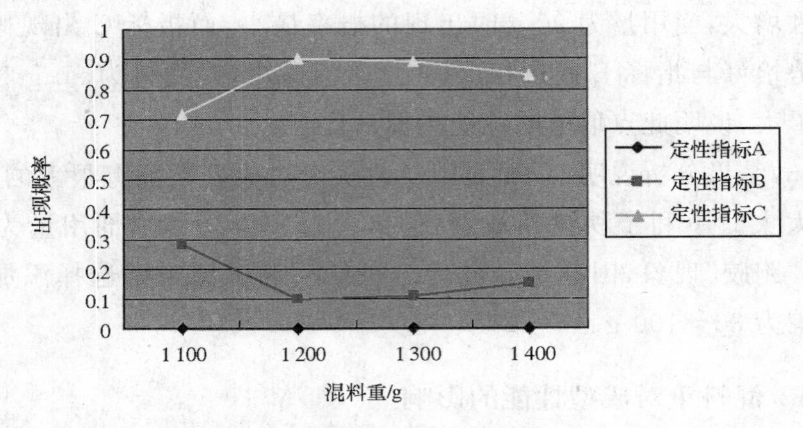

图 9-7 指标性能概率

时，各指标出现概率几乎没有变化；当混料重在 1 300～1 400 g 范围内时，指标 B 和指标 C 的出现概率略有变化。

(2)从图中可以看出，混料重对成型性能确实有一定的影响，且在 1 200～1 300 g 范围内时成型性能最稳定。

9.5.5 模具温度对成型性能的影响

本试验用黏合剂为热固性黏接剂，固化时需要有一定的温度，根据前面的试验得知模具温度对成型性能有很大的影响，因此本试验对模具温度进行研究。

经试验测定试验装置设置的温度与模具内实际温度有一定的差异，为确保试验结果的精确性，本试验温度的测定方法是使用激光测温仪，在填料前均匀采取模具内部的五个点，分别测定温度后取平均值，此平均值落在所取温度范围内即满足试验温度。

本试验是在施胶量为 100%；固化剂为 0.5%；添加剂为 80 g；混料重为 1 200 g；压力为 30 MPa；保压时间为 300 s 的情况下，模具温度序号取 1(90～100℃)、2(100～110℃)、3(110～120℃)、4(120～130℃)、5(130～140℃)、6(140～150℃)六个不同值进行的单因素试验。

成型性能的定性验证指标为：

A——整体不成型，试验失败；

B——整体成型，局部粘模具，试验失败；

C——整体成型完整，试验成功。

本试验通过计算各定性指标在试验现象中出现的概率值，考查因素对成型性能的影响。

每种温度范围取值进行 10 次重复试验。

试验结果如图 9-8 所示。

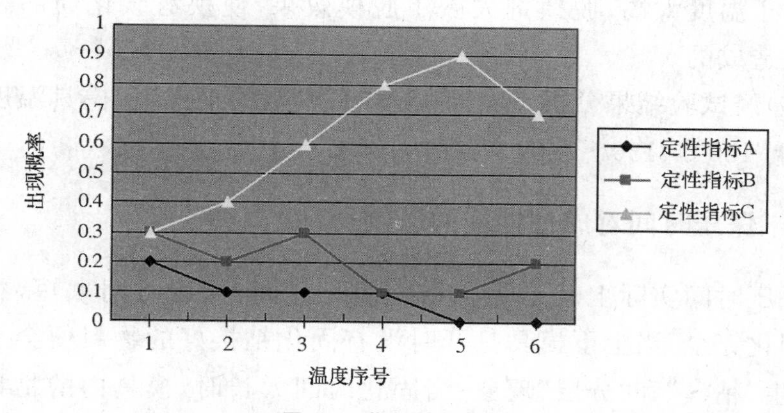

图 9-8　指标性能概率

试验结果分析：

(1)从图 9-8 中可以明显地看出，模具温度对成型性能有很大的影响，各指标在不同温度取值范围内出现概率都有很大的差异。从总体来看，随着温度范围取值的逐渐升高，指标 A 和指标 B 出现概率逐渐减小，减小趋势不同，指标 C 出现概率逐渐增大，增长趋势较大。

(2)当温度序号在 1(90～100℃)时，指标 A 出现概率最大，指标 B 和指标 C 出现概率相同，成型效果不好；当温度序号在 2(100～110℃)～3(110～120℃)之间时，指标 A 和指标 B 的出现概率都有所降低，但指标 C 出现概率没有明显的增大，说明温度序号为 2(100～110℃)时秧盘成型效果亦不好；当温度序号在 3(110～120℃)～4(120～130℃)之间时，指标 A 出现概率没有变化，指标 B 出现概率反而增大了，但指标C出现概率一直在增大，说明成型性能开始在此温度范围内有所改善；当温度序号在4(120～130℃)～5(130～140℃)之间时，指标A出现概率继续减小，指标B出现概率没有变化，且两个指标出现概率都很小，而指标C出现概率仍然在变化，当温度序号达到5(130～140℃)时出现概率值最大，成型效果最好；当温度序号在5(130～140℃)～6(140～150℃)之间时，定性指标A未出现过，指标B出现概率有所增加同时指标C出现概率减小，出现此现象的主要原因是由于温度太高，脱模剂失去了脱模效果，使秧盘碳化局部黏附在模具上造成的。

(3)经试验结果分析，结合秧盘样品成型效果得出，模具温度选择为120～130℃、130～140℃、140～150℃。

9.5.6 保压时间对成型性能的影响

保压时间实际上就是黏合剂的固化时间，保压时间太短，黏合剂没有固化完全，当上下模具打开时没有固化粘接好的物料便会上下分离，产生“粘模”和“分层”现象；当固化时间太长时，模具内的物料早已成型，没有必要继续保压，影响生产效率，因此保压时间对成型也有一定的影响。

本试验是在施胶量为100%；固化剂为0.5%；添加剂为80 g；混料重为1 200 g；压力为30 MPa；模具温度为120～130℃的情况下，保压时间取180 s、240 s、300 s、360 s四个不同值进行的单因素试验。

成型性能的定性验证指标为：

A——整体不成型，试验失败；

B——整体成型，局部粘模具，试验失败；

C——整体成型完整，试验成功。

本试验通过计算各定性指标在试验现象中出现的概率值，考查因素对成型性能的影响。

每种保压时间取值进行10次重复试验。

试验结果如图9-9所示。

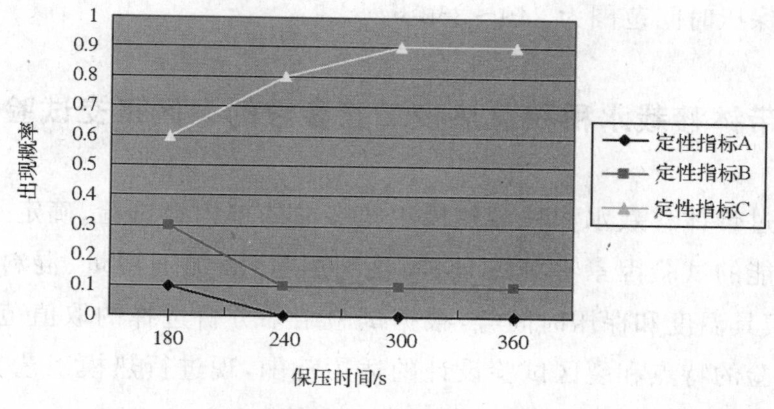

图 9-9　指标性能概率

试验结果分析：

(1)从图 9-9 中可以看出，随着保压时间的增加，指标 A 和指标 B 出现概率是逐渐减小的，而指标 C 是逐渐增大的，说明保压时间的增加有利于成型，但和生产效率相结合考虑时保压时间不可无限的增加。

(2)保压时间在 180～240 s 之间时，指标 B 出现概率减小的趋势大于指标 A 出现概率减小的趋势，而指标 C 出现概率是一直增大；当保压时间在 240～360 s 之间时，指标 A 和指标 B 出现概率没有变化，指标 C 出现概率逐渐增大，当保压时间为 300 s 以后不再增长，说明成型效果比较稳定。

(3)通过结果分析和实际试验情况得出，保压时间范围为 240～360 s。

9.5.7　单因素试验小结

带钵移栽水稻秧盘成型试验和制备成型工艺参数的单因素试验研究，通过定性指标验证得出了影响秧盘成型性能的主要工艺参数，及其各参数的取值范围，即施胶量范围为 80%～120%；固化剂用量范围为 0.2%～0.8%；添加剂用量范围为 80～100 g；混料重取值范围为 1 200～1 300 g；模具温度选择为 120～130℃、130～140℃和 140～

150℃;保压时间范围为 240～360 s。

9.6 带钵移栽水稻秧盘热模工艺参数的裂区正交试验

通过带钵移栽水稻秧盘热模工艺参数的单因素试验,确定了影响成型性能的试验因素有施胶量、固化剂用量、添加剂用量、混料重量、压力、模具温度和保压时间等,根据试验结果分析选择的取值范围,结合本试验的特点和裂区试验设计的适用范围,现进行热模工艺参数的多因素试验研究。

9.6.1 试验设计方案

秧盘成型过程包括有物料成分配制和制备成型工艺两步工序,这两步工序是在两个性质不同的步骤中进行,根据裂区设计的特点,本试验采用裂区正交设计将试验处理及因素分别实施到两道工序,物料成分配制作为主区(主试验单元)、制备成型工艺作为副区(副试验单元)。由于物料配制(主区)次数减少,可以大幅度降低试验费用。

9.6.1.1 试验因素及水平

影响物料成分配制的 5 个主因素及水平如下:

A 为施胶量:$A_1=80\%$,$A_2=100\%$,$A_3=120\%$;

B 为添加剂量:$B_1=100$ g,$B_2=90$ g,$B_3=80$ g;

C 为固化剂用率:$C_1=0.2\%$,$C_2=0.5\%$,$C_3=0.8\%$;

D 为粉的质量:D_1=细粉多,D_2=粗粉多;

E 为混料重:$E_1=1\ 200$ g,$E_2=1\ 300$ g;

影响制备成型工艺的 4 个副因素及水平如下:

F 为压力:$F=30$ MPa;

G 为上模温度:$G_1=120\sim130$℃,$G_2=130\sim140$℃,$G_3=140\sim150$℃;

H 为下模温度：$H_1=120\sim130$℃，$H_2=130\sim140$℃，$H_3=140\sim150$℃；

J 为保压时间：$J_1=240$ s，$J_2=300$ s，$J_3=360$ s。

成型性能指标为立边率（立边率定义为：合格钵孔数占全盘钵孔数的百分比，其中合格钵孔指每钵孔 4 个立边中的三边，每边起二分之一钵孔高）。

9.6.1.2 选择正交表及表头设计

在上面的 9 个因素中，有 7 个因素是 3 水平，2 个因素是 2 水平。考虑采用拟水平设计[11]，故用 2 水平 $L_{32}(2^{31})$ 正交表（表 9-7）。

在正交裂区设计中需注意以下几点：

低级因子一般安排在低级群；

同级因子一般安排在同级群内，不同级因子安排在不同级群内。

同级因子的互作一般安排在同级群内，不同级因子互作安排在较高级群内，但需要考虑交互作用的混杂；

采用拟水平法第一列空闲。

在本试验设计中，按照物料成分配制和制备成型工艺两道工序分为主区和副区后，共有 5 个主因子及 4 个副因子。现把 5 个群分为两级，第 1～4 群为第一级，安排 5 个因子，第 5 群为第二级，安排 4 个因子（表 9-6）。在表头设计中，采用拟水平设计，第一列空闲不用，2～15 列为主因子，其中 10 列及 15 列为主区误差列（E_a），16～31 列安排副因子，其中 24～27 列为副区误差（E_b）。由于互作关系，2 个副因子的互作 HJ 被安排到一级群中的第 12、13 列。

表 9-6 表头设计

列号	1	2 3	4 5	6 7	8 9	10	11	12 13	14	15	16 17	18 19	20 21	22 23	24 25 26 27	28 29	30 31
因子		A	B	AB	C	E_a	D	HJ	E	E_a	H	G	F	AF	E_b	J	AJ

9.6.2 裂区正交试验方案及试验结果

此试验主区表示物料成分配制，而主处理即配制物料的成分比例。如对于第 9 及 10 号副区，它们属于 5 号主区，均采用相同主处理(21122)，在此试验中配制物料的主区有 16 种主处理，仅配制了 16 种不同的配料，每个主区分为 2 个副区，故每种配料有 2 种不同制备成型工艺使用。由于配制物料次数减少（主区数目小），既节约费用又使试验易于实施。为了提高试验精确度，将每个处理重复 3 次，故每个处理有 3 个试验结果，试验结果指标是立边率，见表 9-7。

表 9-7　裂区正交试验设计及试验结果

处理号	原正交表及列号											立边率/%
	2	4	8	11	14	主区号	16	18	20	28	副区号	试验结果（3 次立边率之和）
	3	5	9				17	19	21	29		
	主区因子及水平						副区因子及水平					
	A	B	C	D	E		H	G	F	J		y
1	1	1	1	1	1	1	1	1	1	1	1	184.09
2	1	1	1	1	1		2	2	2	2	2	185.71
3	1	1	2	2	2	2	1	1	1	2	3	14.29
4	1	1	2	2	2		2	2	2	1	4	164.29
5	1	2	1	1	2	3	1	1	2	2	5	179.92
6	1	2	1	1	2		2	2	1	1	6	181.03
7	1	2	2	2	1	4	1	1	2	1	7	150.74
8	1	2	2	2	1		2	2	1	2	8	167.24
9	2	1	1	2	2	5	1	2	1	1	9	193.96
10	2	1	1	2	2		2	1	2	2	10	198.76
11	2	1	2	1	1	6	1	2	1	2	11	197.81
12	2	12	2	1	1		2	1	2	1	12	195.57
13	2	2	1	2	1	7	1	2	2	2	13	195.44
14	2	2	1	2	1		2	1	1	1	14	194.33
15	2	2	2	1	2	8	1	2	2	1	15	187.07
16	2	2	2	1	2		2	1	1	2	16	184.36
17	2	2	2	2	1	9	2	2	2	2	17	184.48
18	2	2	2	2	1		3	3	3	3	18	162.56
19	2	2	3	1	2	10	2	2	2	3	19	197.17

续表 9-7

处理号	原正交表及列号											立边率/%
	2	4	8	11	14	主区号	16	18	20	28	副区号	试验结果（3 次立边率之和）
	3	5	9				17	19	21	29		
	主区因子及水平						副区因子及水平					
	A	B	C	D	E		H	G	F	J		y
20	2	2	3	1	2		3	3	3	2	20	149.51
21	2	3	2	2	2	11	2	2	3	3	21	147.80
22	2	3	2	2	2		3	3	2	2	22	123.64
23	2	3	3	1	1	12	2	2	3	2	23	84.12
24	2	3	3	1	1		3	3	2	3	24	52.71
25	3	2	2	2	2	13	2	3	2	2	25	167.10
26	3	2	2	2	2		3	2	3	3	26	181.53
27	3	2	3	1	1	14	2	3	2	3	27	163.18
28	3	2	3	1	1		3	2	3	2	28	197.42
29	3	3	2	2	1	15	2	3	3	3	29	196.31
30	3	3	2	2	1		3	2	2	2	30	180.05
31	3	3	3	1	2	16	2	3	3	2	31	161.57
32	3	3	3	1	2		3	2	2	3	32	173.05

注：判定标准：每钵孔四边中的三边、每边起二分之一高为合格钵孔。立边率为合格钵孔数占全盘钵孔数的百分比。

9.6.3　试验结果的方差分析

方差分析过程：

为了简化，计算时每个 y 值减去 0.9。

校正数：

$$C = (\sum y)^2/96 = 0.4727$$

总平方和：

$$SS_T = \sum_{i=1}^{32}\sum_{j=1}^{3} y_{ij} - C = 18.0827$$

由 y_1、y_2 相加得 y，然后由此 y 计算各列的平方和，如第 1 列 2 个水平之和分别为：

$$T_{11}=\{(-3.59)+(4.45)+\cdots+(9.01)\}=-6.929$$

$$T_{21}=\{(8.65)+(1.29)+\cdots+(7.91)\}=-5.677$$

由此得到第一列平方和为：

$$SS_1=\{(-6.929)^2+(-5.677)^2\}/32-C=1.993$$

$$(C=0.4727)$$

第二列 2 水平之和分别为：

$$T_{12}=\{(3.59)+(4.45)+\cdots+(-6.67)+(7.29)+\cdots+(7.91)\}$$
$$=7.647$$

$$T_{22}=\{(1.87)+(-16.35)+\cdots+(9.01)+(-56.26)+\cdots$$
$$+(-18.72)\}=0.9098$$

第 2 列平方和为：

$$SS_2=\{(7.647)^2+(0.9098)^2\}/32-C=1.340$$

$$(C=0.4727)$$

依此类推得到全部 31 列的 2 水平之和及平方和，全部 31 列的平方和相加后为：

$$SS_{COL}=SS_1+SS_2+\cdots+SS_{31}=17.7229$$

误差 E_r 的平方和为：

$$SS_T-SS_{COL}=18.0827-17.7229=0.3598$$

按照表头设计，主因子 A 为第 2 列及第 3 列，即：

$$SS_A=SS_2+SS_3=0.768$$

依此类推，可得到各个因子的平方和。

在主因子中，以 MS_{E_a} 为分母进行 F 检验，得：

$$F_A = \frac{MS_A}{MS_{E_a}} = \frac{0.768}{0.0242} = 31.74 > F_{0.05(2,2)} = 19.00 \quad \text{A 显著}$$

$$F_B = \frac{MS_B}{MS_{E_a}} = \frac{0.68}{0.0242} = 28.1 > F_{0.05(2,2)} = 19.00 \quad \text{B 显著}$$

$$F_C = \frac{MS_C}{MS_{E_a}} = \frac{0.77425}{0.0242} = 31.99 > F_{0.05(2,2)} = 19.00 \quad \text{C 显著}$$

$$F_D = \frac{MS_D}{MS_{E_a}} = \frac{0.2710}{0.0242} = 11.19 < F_{0.05(2,2)} = 19.00 \quad \text{D 不显著}$$

$$F_E = \frac{MS_E}{MS_{E_a}} = \frac{0.2857}{0.0242} = 11.81 < F_{0.05(2,2)} = 19.00 \quad \text{E 不显著}$$

因为D、E项均不显著，故把它们并入误差项得主区合并误差平方和为：

$$SS_{(E_a)} = SS_D + SS_E + SS_{E_a} = 0.5809$$

副区误差：$SS_{E_b}=1.2994$

对副区因子 F 检验得：

$$F_F = \frac{MS_F}{MS_{E_b}} = \frac{0.8511}{0.164250} = 24.07 > F_{0.05(2,8)} = 4.46 \quad \text{F 显著}$$

$$F_G = \frac{MS_G}{MS_{E_b}} = \frac{1.8106}{0.164250} = 5.5117 > F_{0.05(2,8)} = 4.46 \quad \text{G 显著}$$

$$F_H = \frac{MS_H}{MS_{E_b}} = \frac{0.997}{0.164250} = 3.055 < F_{0.05(2,8)} = 4.46 \quad \text{H 不显著}$$

$$F_J = \frac{MS_J}{MS_{E_b}} = \frac{0.6276}{0.164250} = 1.911 < F_{0.05(2,8)} = 4.46 \quad \text{J 不显著}$$

因为H、J项不显著，故合并为副区误差平方和为：

$$SS_{(E_b)}=SS_{E_b}+SS_H+SS_J=1.2994+0.997+0.6276=2.924$$

由上可知共三级误差，主区误差 E_a、副区误差 E_b、重复误差 E_r，前二级误差进一步合并得主区合并误差(E_a)及副区合并误差(E_b)，现进行副区及重复误差的 F 检验为：

$$F=\frac{MS_{(E_b)}}{MS_{E_b}}=21.67>F_{0.01(12,32)}=2.80$$

两者显著而不合并,另外进行主区及副区合并误差的 F 检验为:

$$F=\frac{MS_{(E_a)}}{MS_{E_b}}=0.7664<F_{0.01(7,12)}=4.64$$

两者差异不显著,因此考虑将两者合并为主副区合并误差平方和为:

$$SS_{(E_{ab})}=SS_{(E_a)}+SS_{(E_b)}=0.5809+2.924=3.5049$$

然后由 3.504 9/19=0.184 5,作为分母分别对各个因子进行 F 检验。

对于主因子 A:

$$F=\frac{MS_A}{0.1845}=4.16>F_{0.05(2,19)}=3.53$$ 故呈显著水平

对于主因子 B:

$$F=\frac{MS_B}{0.1845}=3.69>F_{0.05(2,19)}=3.53$$ 故呈显著水平

对于主因子 C:

$$F=\frac{MS_C}{0.1845}=4.20>F_{0.05(2,19)}=3.53$$ 故呈显著水平

对于主因子 D:

$$F=\frac{MS_D}{0.1845}=1.47<F_{0.05(2,19)}=3.53$$ 故呈不显著水平

对主因子 E:

$$F=\frac{MS_E}{0.1845}=1.55<F_{0.05(2,19)}=3.53$$ 故呈不显著水平

对于副因子 F:

$$F = \frac{MS_F}{0.1845} = 2.20 < F_{0.05(2,19)} = 3.53$$ 故呈不显著水平

对于副因子 G：

$$F = \frac{MS_G}{0.1845} = 4.91 > F_{0.05(2,19)} = 3.53$$ 故呈显著水平

对于副因子 H：

$$F = \frac{MS_H}{0.1845} = 2.70 < F_{0.05(2,19)} = 3.53$$ 故呈不显著水平

对于副因子 J：

$$F = \frac{MS_J}{0.1845} = 1.70 < F_{0.05(2,19)} = 3.53$$ 故呈不显著水平

对试验指标(立边率)有显著作用的因素有：A、B、C、G(表 9-8)，本试验暂不考虑各因素的交互作用。

表 9-8　秧盘正交裂区试验方差分析

来源(列)	T_{1i}	T_{2i}	f	SS	来源	f	SS	MS	F
1	−6.929	−5.627	1	1.933					
2	7.647	0.909 8	1	1.340	A	2	1.536	0.768	4.16*
3	−3.468	−3.629	1	0.196					
4	−1.282	−5.454	1	0.467	B	2	1.36	0.68	3.69*
5	−6.709	0.028	1	0.893					
6	−8.998	−0.739	1	0.691 6	AB	2	1.360 2	0.680 1	—
7	−5.998	−0.739	1	0.668 6					
8	0.116	−6.852	1	1.209 2	C	2	1.548 5	0.774	4.20*
9	−3.460	−3.277	1	0.339					
10	1.277	−5.459	1	0.680 4					
11	−2.624	−4.113	1	0.271	D	1	0.271	0.271	1.47
12	−0.871	5.866	1	0.626	HJ	2	0.902	0.450 1	—
13	−4.163	−2.54	1	0.276					

续表 9-8

来源(列)	T_{1i}	T_{2i}	f	SS	来源	f	SS	MS	F
14	−2.480	−4.256	1	0.286	E	1	0.286	0.286	1.55
15	−1.917	−4.819	1	0.368	E_a	1	0.024 2	—	—
					(E_a)	2	0.580 9		
16	−3.817	−2.919	1	0.340	H	2	0.997	0.498	2.70
17	−5.962	−0.775	1	0.657					
18	0.712	−7.449	1	1.334	G	2	1.811	0.905	4.91*
19	−5.331	−1.406	1	0.477					
20	−0.950	−5.787	1	0.602	F	2	0.851	0.405	2.20
21	−3.817	−2.919	1	0.249					
22	−3.653	−3.084	1	0.241	AF	2	0.852	0.426	
23	−5.816	−0.921	1	0.611					
24	−2.564	−4.173	1	0.277					
25	−1.700	−5.037	1	0.410					
26	−2.006	−4.730	1	0.352					
27	−2.163	−4.57	1	0.260					
28	−2.007	−4.729	1	0.352	J	2	0.627 6	0.313 8	1.70
29	−2.549	−4.188	1						
30	−2.154	−4.583	1	0.328 6	AJ	2	0.910	0.455	
31	−1.006	−5.731	1	0.581					
					E_b	4	1.299	—	
					(E_b)	12	2.924	0.244	
					(E_{ab})	19	3.505	0.184 5	
E_r			32	0.360	E_r	32	0.360	0.012	
总			63	18.082 7	总	63	18.082 7		

注:“*”表示呈 0.05 显著水平;没有“*”表示不呈 0.05 显著水平。

其中:$SS_{E_a}=SS_{10}+SS_{15}$,$SS_{(E_a)}=SS_{AB}+SS_C+SS_D+SS_{E_a}$,$SS_{E_b}=SS_{24}+SS_{25}+SS_{26}+SS_{27}$,$SS_{(E_b)}=SS_H+SS_G+SS_{AF}+SS_{AJ}+SS_{E_b}$,$SS_{(E_{ab})}=SS_{(E_a)}+SS_{(E_b)}$

9.6.4 贡献率分析

现在需要判断各个因素对立边率的影响程度,可以用贡献率来判定;由于离差平方和中除了因素的效应外还包含误差,从而称 $S_因$ −

$f_{因} \times MS_e$ 为因素的纯平方和，将因素的纯平方和与总离差的比称为因素的贡献率，如表 9-9 和图 9-10 所示。

贡献率公式：

$$\rho_{因} = \frac{S_{因} - f_{因} \times MS_e}{S_T}$$

表 9-9　贡献率

来源	平方和	自由度	纯平方和	贡献率
因子 A	1.536	2	1.487 6	23.7%
因子 B	1.36	2	1.311 6	20.9%
因子 C	1.548 5	2	1.500 1	23.9%
因子 G	1.810 6	2	1.762 2	28.1%
误差 e	0.024 2	8	0.217 8	3.4%
和	6.279 3			100%

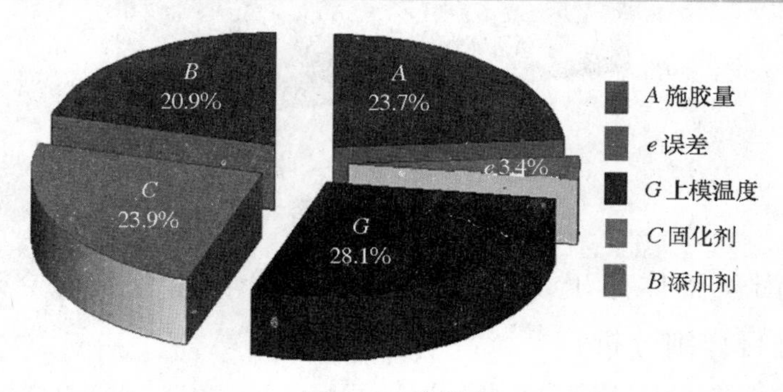

图 9-10　贡献率

9.6.5　试验因素分析

9.6.5.1　副区因素对立边率的影响

研究副区对立边率的影响，需要将主区因素固定在某一水平上来进行分析。

(1)主区因素在 1 水平上，副区 4 个因素对立边率的影响

副区因素整体分别取值 1、2、3 水平进行分析。由图 9-11 可知，立

边率在副区1～2水平之间缓慢递增，到2水平时达到极大值；立边率在2～3水平急速递减，幅度较大；当施胶量在80％、添加剂量100 g、固化剂0.2％时，随着上模温度和下模温度的递增，两者均逐渐达到最适宜温度并且黏合剂气化程度较小，因此立边率逐渐增加；随着上模温度和下模温度进一步升高，黏合剂气化程度加大，模具腔内聚集大量气体，气体对立边的成型有一定不利的影响，因此立边率急速减小；从上面分析可知，为增加立边率，须减少模具腔内的气体。

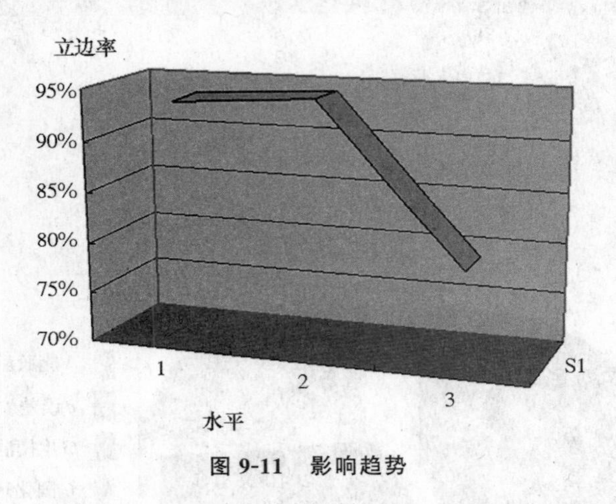

图9-11 影响趋势

当主因素整体处于1水平时，副区各个因素分别对立边率的影响，下面进行详细分析：

图9-12表示下模温度、压力及保压时间对立边率的影响，由图9-12可知，当把上模温度固定于某一水平时，下模温度随着水平的提高（也就是说随着下模温度的升高），立边率缓慢增加后又缓慢减小，这是因为随着下模温度的升高，模具腔内的气流对流逐渐加速，开始时气体的对流有

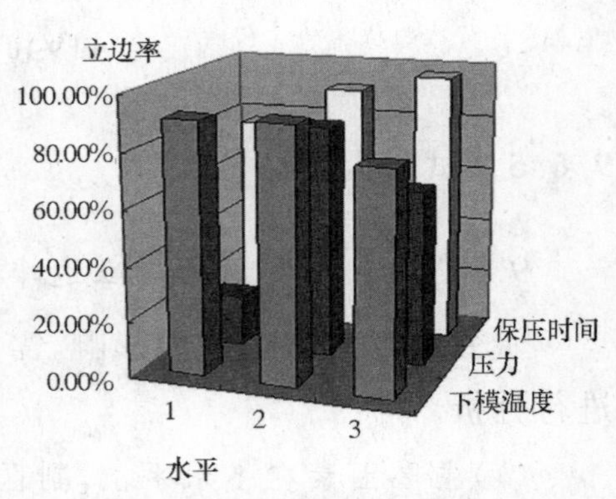

图9-12 副区因素对立边率的影响趋势

利于黏合剂和固化剂作用的发挥，此时立边率逐渐增加；但随着气流对流速度的增加，不利于立边的形成，此时立边率较小；立边率随着保压时间的延长而持续缓慢增加，这是因为随着保压时间的延长，有利于黏合剂在固化剂的作用下固化，从而提高立边率；立边率随着压力的变化缓慢增加后又缓慢减小，因为随着压力的递增，有利于立边率的形成，但也加剧秧盘立边对模具的粘结力，因而在退模时，模具退模拉力大于立边的粘结力，从而破坏立边，导致立边率的减小。

由图 9-13 表示当把下模温度固定于某一水平时，上模温度、压力及保压时间对立边率的影响，其变化趋势与图 9-12 类似，说明下模温度和上模温度在此情况下，副区其他各因子对立边率的影响是一样的。

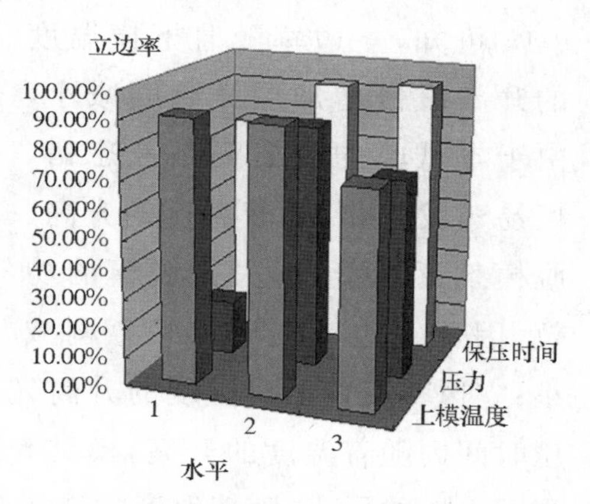

图 9-13　副区因素对立边率的影响趋势

图 9-14 表示当把压力固定于某一水平时，上模温度、下模温度及保压时间对立边率的影响，由图 9-14 可知，立边率随着下模温度的升高先缓慢增加又缓慢减小，但变化幅度较小，下模温度主要影响秧盘底部的形成，当下模温度达到固化温度后，在压力一定时，下模温度对立边率的影响不大；而当压力一定时，秧盘的立边随着上模温度的升高缓慢提高又急剧下降，模具腔内气流随着温度的提高其对流作用加剧，刚

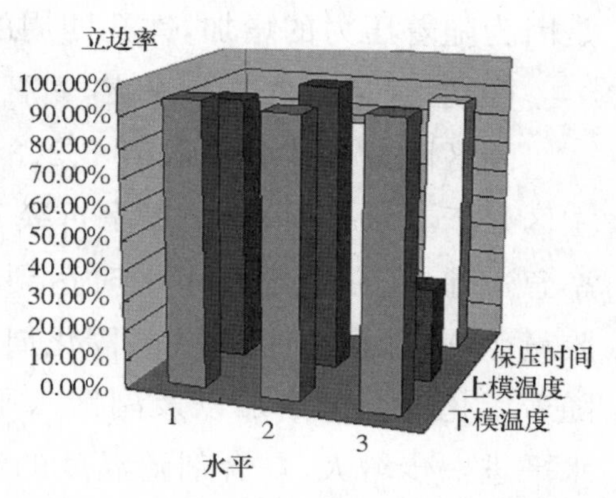

图 9-14　副区因素对立边率的影响趋势

开始时有利于立边的形成，但随着温度的递增，其不断的冲击作用不利于立边的形成，因此立边率的变化趋势是先增后减；立边率随着保压时间的延长而持续缓慢增加，这是因为随着保压时间的延长，有利于黏合剂在固化剂的作用下固化，从而提高立边率。

图 9-15 表示当保压时间固定于某一水平时，上模温度、下模温度及压力对立边率的影响，由图 9-15 可知，立边率随着下模温度的升高缓慢增加后又急剧减小，由于本试验的脱模剂是液态蜡，极易蒸发气化，随着温度的升高，脱模剂逐渐蒸发，失去脱模的功效，因此立边率先增加又急剧减小；立边率随着上模温度的升高先减小后增加，这是因为在一定的保压时间内随着温度的升高，模具腔内的气体急剧在某一区间增加，不利于立边的形成，随着温度的进一步提升，有利于气体的扩散，使聚集的气体分散，有利于立边的形成；立边率随着压力的增加缓慢递减，这是因为随着压力的增加，钵孔四周的粘结力增加，不利于立边的形成。

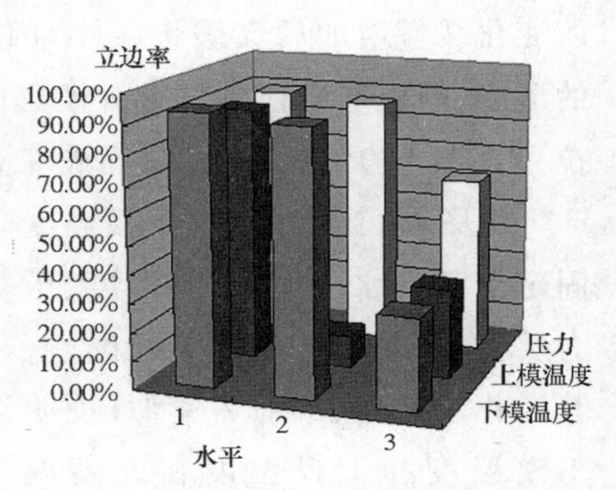

图 9-15 副区因素对立边率的影响趋势

(2)主区因素在 2 水平上，副区 4 个因素对立边率的影响

副区因素整体分别取值 1、2、3 水平进行分析。由图 9-16 可知，当主区处于 2 水平时，立边率呈折线趋势，即随着副区水平的提高，立边率急速递增，在副区 2 水平时达到最高点后随之缓慢递减；此时是施胶量 100％、添加剂量 90 g、固化剂用量 0.5％、粗粉及混料重 1 300 g，随着固化剂用量增加以及副区水平的提高，立边率增加，但随着副区水平进一步增大，黏合剂随温度的升高，释放出大量的气体，不利于立边的成型，因此立边率逐渐减小。

当主因素整体处于 2 水平时，副区各个因素分别对立边率的影响，下面进行详细分析：

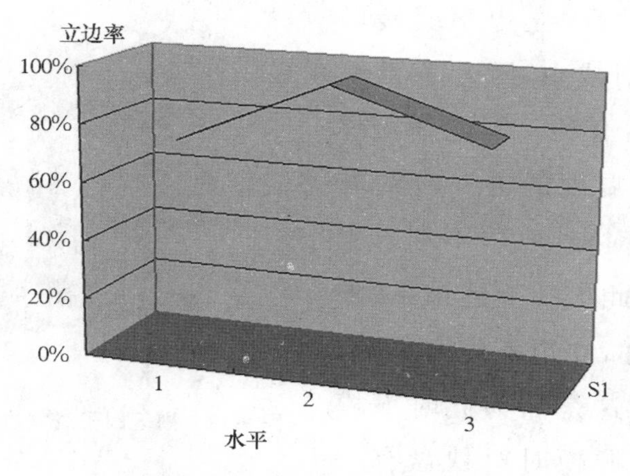

图 9-16　影响趋势

图 9-17 表示当主因素处于 2 水平时，上模温度固定于某一水平时，下模温度、压力及保压时间对立边率的影响。由图 9-17 可知，立边率随着下模温度的递升缓慢递增后随之减小，当上模温度固定时，在下模温度 2 水平前，脱模剂发挥正常的脱模润滑作用，使立边率持续递增，但随着温度进一步升高，由于脱模剂气化，逐渐失去作用，导致立边率的减小；立边率随着压力的递增缓慢增加后随之急剧减小，这是因为当压力在一定水平时有利于立边的成型，但当压力逐渐增加时，每个钵孔的四周立边对模具的粘结力也随之增大，因此不易于脱模，从而导致立边率的减小；立边率随着保压时间的增加而减小，随着保压时间的增加，模具腔内气体对流频繁，不利于立边的形成，因此立边率减小。

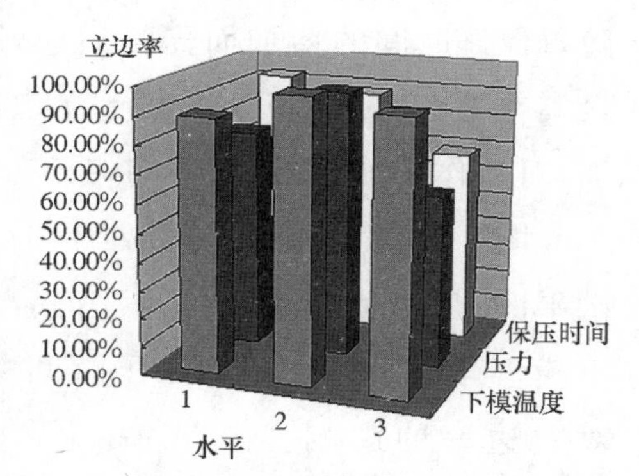

图 9-17　副区因子对立边率的影响趋势

图 9-18 表示当主因素处于 2 水平时，下模温度固定于某一水平时，上模温度、压力及保压时间对立边率的影响。由图 9-18 可知，随着

上模温度的升高，立边率缓慢增加后随之急剧减小，随着上模温度的升高开始有利于固化剂发挥作用，但随着温度的进一步的升高，模具腔内对流频繁，不利于立边的形成，因此出现上述结果；随着压力的增加，立边率先增后减，但幅度极小，这是因为此时下模温度恒定，在脱模时对秧盘有一定的下拉作用，因此虽然压力增加，但对立边的成型影响甚微；立边率随着保压时间的增加而先增后减，随着保压时间的增加，钵孔内气体聚集在某一有限空间，不利于立边的成型，但随着保压时间进一步增加，对流作用加剧，使气体均匀分布，一定程度上有利于立边的成型。

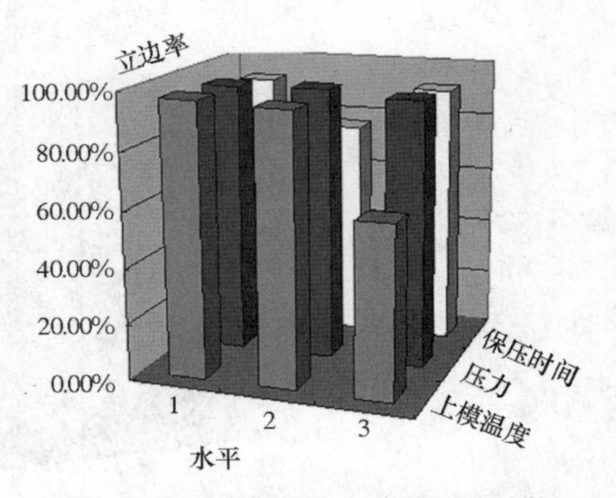

图 9-18　副区因子对立边率的影响趋势

图 9-19 表示当主因素处于 2 水平时，压力固定于某一水平时，上模温度、下模温度及保压时间对立边率的影响。由图 9-19 可知，当压力固定时，立边率随着下模温度的升高缓慢增加后又缓慢减小，当压力固定时，在下模温度 2 水平前，脱模剂发挥正常的脱模作用，使立边率保持增加，但随着温度进一步升高，由于脱模剂的气化逐渐失去作用，导致立边率的减小；立边率随着上模温度的升高缓慢减少后又缓慢增加，当压力恒定时，随着上模温度的升高，钵孔内气体急剧增加，不利于立边的成型；但随着温度的进一步的升高和对流作用的加剧，在一定程度上有利于立边的成型；立边率随着保压时间缓慢增加后随之急剧减小，这是因

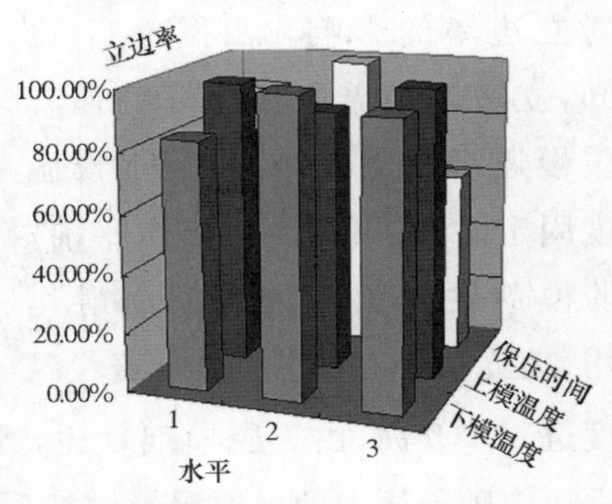

图 9-19　副区因子对立边率的影响趋势

为在一定压力条件下，保压时间的延长有利于立边的成型，但同时也增加了钵孔立边对模具的粘结力，因此会出现上述结果。

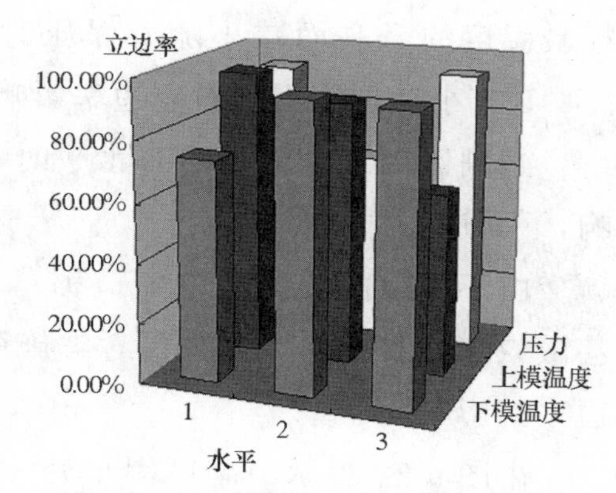

图 9-20　副区因子对立边率的影响趋势

图 9-20 表示当主因素处于 2 水平时，保压时间固定于某一水平时，上模温度、下模温度及压力对立边率的影响，由图 9-20 可知，立边率随着下模温度的升高而增加，随着上模温度的升高而减小，随着压力的增加先减后增。

9.6.5.2　主区因素对立边率的影响

研究主区对立边率的影响，需要将副区因素固定在某一水平上来进行分析。

(1)副区因素在 1 水平上，主区因素对立边率的影响

把副区固定在 1 水平上同时主区因素整体取 1、2、3 水平进行分析。由图 9-21 可知，主区对立边率的影响，即立边率随着主区水平的提高而递减，此时压力为 30 MPa、上模温度 120～130℃、下模温度 120～130℃及保压时间 240 s，在前面的分析中可知，立边率随着上、下

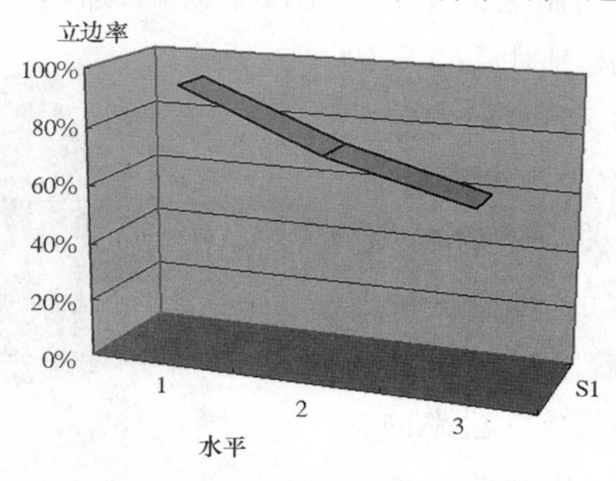

图 9-21　影响趋势

模具温度的升高而减小随着保压时间的增加而减小，其发生原因与9.6.5.1小节副区因素对立边率影响相同。

当副区因素整体处于1水平时，主区各个因素分别对立边率的影响，下面进行详细分析：

由于在前面的试验中知道稻草粉的质量及混料重对立边率影响甚微，在此不再作分析，主要考虑施胶量、添加剂量及固化剂用量对立边率的影响。

由图9-22表示当副区因子处于1水平时，施胶量固定于某一水平时，固化剂及添加剂对立边率的影响。由图9-22可知，随着添加剂的减少立边率先急剧减小后随之迅速增加，由于随着添加剂用量的减少，发生胶粉分离现象的概率随之增大，导致立边率的减小；立边率随着固化剂的减少先增加后减小，但变化幅度甚微，因为固化剂主要是对胶液起固化作用，不会在很大程度上影响立边率。

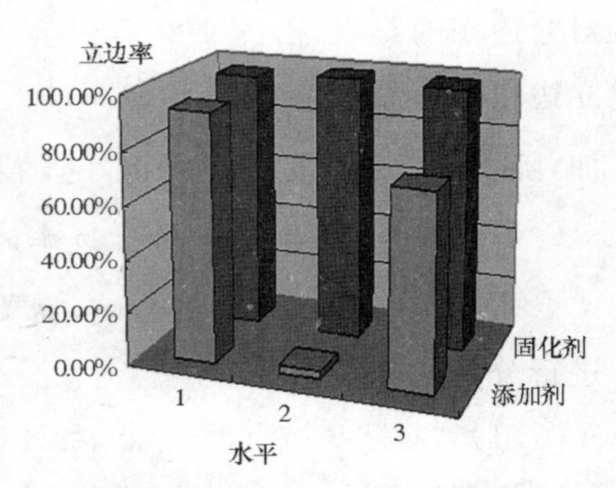

图9-22 主区因子对立边率的影响趋势

图9-23表示当副区因子处于1水平时，添加剂固定于某一水平时，施胶量及固化剂对立边率的影响。由图9-23可知，随着施胶量的增加，立边率先减少后增加，出现此现象的原因主要是由于添加剂的量是固定的，随着施胶量的增加，会伴随着“跑胶”、“胶粉分离”现象，从而造成立边率的减小；立边率随着固化剂的增加先

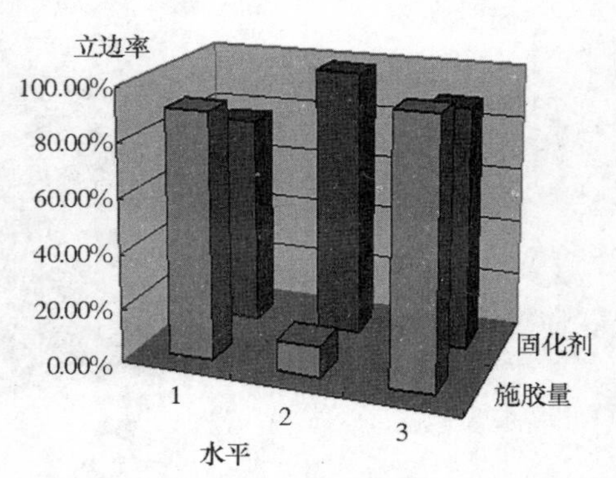

图9-23 主区因子对立边率的影响趋势

增加后减小，是因为固化剂增加时先有利于黏合剂的固化，立边率随之增加，当固化剂用量增加到一定水平时，压制初期立边还没有完全成型的时候，黏合剂已经发生了固化，立边率随之减小。

图 9-24 表示当副区因子处于 1 水平时，固化剂固定于某一水平时，施胶量及添加剂对立边率的影响，立边率随着施胶量的增加而先增加后减小，但变化趋势很小，这是因为施胶量的增加，有利于立边的形成；立边率随着添加剂的减少而增加，添加剂的减少使稻草容易流动从而有利于立边的成型。

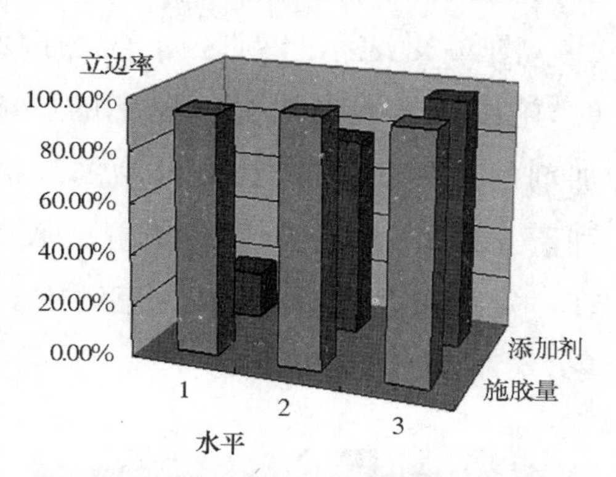

图 9-24　主区因子对立边率的影响趋势

(2)副区因素在 2 水平上，主区因素对立边率的影响

把副区固定在 2 水平上同时主区因素整体取 1、2、3 水平进行分析。由图 9-25 可知，立边率随着主区水平的提高而递减，此时副区各因素水平为压力为 30 MPa、上模温度 130～140℃、下模温度 130～140℃及保压时间 300 s。

当副区因素整体处于 2 水平时，主区各个因素分别对立边率的影响，下面进行分析：

由图 9-26 可知，当副区因子处于 2 水平时，立边率随着添加剂的减少及固化剂的增加而减小，在此时上、下模具温度都比 1 水平时高，温度的升高有利于气体的排出及固化剂作用的发挥，因此有利于立边的形成。

图 9-27 表示当副区因子处于 2 水平时，添加剂固定于某一水平时，施胶量及固化剂对立边率的影响。由图 9-27 可知，随着施胶量的增加，立边率随之增加，这是因为施胶量的增加有利于稻草的流动，从

而有利于立边的形成;立边率随着固化剂的增加先增后减,是因为固化剂对立边的成型在一定程度上是有利的,当固化剂用量超过一定的量后,立边没有完全成型时就已经发生固化,导致立边率的减小。

图 9-28 表示当副区因子处于 2 水平时,固化剂固定于某一水平时,施胶量及添加剂对立边率的影响。由图 9-28 可知,立边率随着添加剂的减少而增加,这是因为添加剂的减少,增加了稻草的流动性,有利于立边的成型;立边率随着施胶量的增加先增后减,施胶量的增加在一定程度上增加稻草的流动性,对过多的施胶量将发生“跑料”现象,不利于立边的形成。

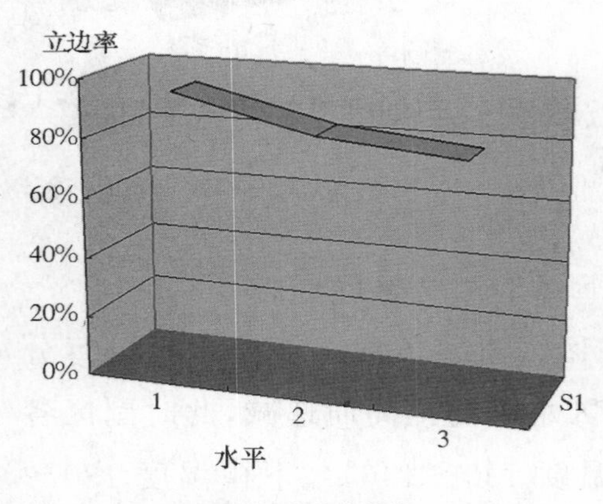

图 9-25 影响趋势

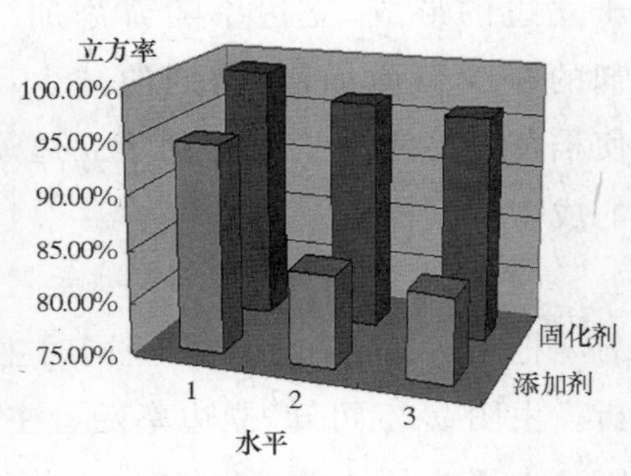

图 9-26 主区因子对立边率的影响趋势

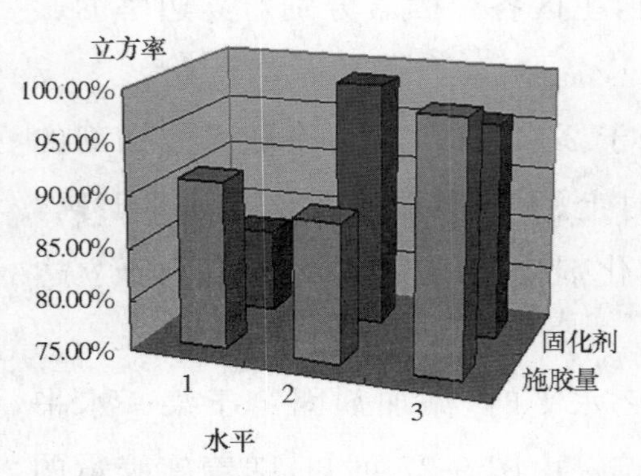

图 9-27 主区因子对立边率的影响趋势

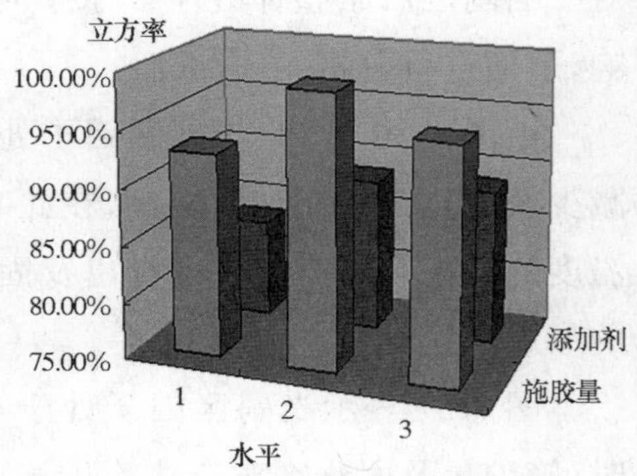

图 9-28 主区因子对立边率的影响趋势

9.6.6　较优参数选择

由上面分析得到各个因素的显著水平，现在需要分析每个因素的最佳水平。我们从秧盘裂区正交方差分析表（见表 9-8）中可知：施胶量（A）各水平中 A_1 的平方和最大、水平最优，但结合试验经验及为达到育秧 40 天后的强度要求较佳水平选择 A_2，即施胶量 100%；同理添加剂（B）水平中、B_2 水平最佳，即添加剂量为 90 g 时较佳；固化剂（C）水平中 C_1 较佳，而且大量的试验证明固化剂用量越大，样品越脆，因此固化剂用量为 0.2% 时较佳；上模温度（G）G_1 较佳，即上模温度 120～130℃时较佳；其他没有显著影响的因素根据实际情况进行选择，其中粉的质量（D）是指稻草秸秆粉碎成稻草粉后的粉细程度，由于稻草秸秆粉的越细工作难度越大、耗费能量越大，根据实际情况和试验经验选择筛子直径为 2 mm，粉碎得到的稻草粉中粗粉占大部分，即选 D2；根据试验经验混料重（E）过少对成型还是有一定的不良影响，而混料重过多对成型也没有明显的帮助作用，即选择混料重为 E_1（1 200 g）；为了保证成型效果及秧盘底的厚度，压力（F）选择 30 MPa；由于混料没有温度，当向模具填料时，冷的混料先接触下模，冷料吸收下模一定的热量，使得下模温度骤然下降（试验测得平均温度下降 10℃左右），因此下模温度（H）选择 H_2（130～140℃）；通过大量的试验证明，保压时间过长可使稻草碳化，使得秧盘变色、变脆，时间过短黏合剂未固化完全，影响脱模效果及成型质量，因此保压时间（J）选择 J_2（300 s）。综上所述影响指标（立边率）的各因素水平较优值组合是 $A_2B_2C_1G_1D_2E_1F_1H_2J_2$。

经大量反复的验证试验证明，采用本试验分析得到的影响因素水平较优值组合（$A_2B_2C_1G_1D_2E_1F_1H_2J_2$）后，基本保证了秧盘的成型质量和立边率。

9.6.7　裂区正交试验小结

（1）通过成型工艺参数的多因素试验研究，验证了以稻草秸秆为原料配以多种辅料压制育秧载体方案的可实施性，确定了制备成型工艺流程，同时得出了带钵移栽水稻秧盘成型工艺的较优解。

(2)成型试验表明，避免秧盘“跑胶”现象的方法是向黏合剂中混入一定量的添加剂，同时为确保脱模效果，试验时要根据实际情况适当的使用脱模剂。

(3)通过成型工艺参数多因素试验的方差分析、试验因素分析和贡献率分析，综合分析结果得出，施胶量、添加剂量、固化剂量和上模温度对秧盘立边率有显著性影响，其他因素没有显著性影响。

(4)多因素试验得出的成型工艺参数的较优解是：$A=100\%$，$B=90$ g，$C=0.2\%$，$D=$粗粉多，$E=1\ 200$ g，$F=30$ MPa，$G=120\sim130$℃，$H=130\sim140$℃，$J=300$ s。

(5)经过后期的大量验证试验表明，本试验得出的工艺参数较优解可作为秧盘后期生产的理论参数借鉴。

9.7 不同脱模剂和添加剂对带钵移栽水稻秧盘性能影响试验

为了改善秧盘的成型性能和抗水性，现采用不同脱模剂和添加剂进行制盘试验，通过成型效果、脱模效果和浸水试验，试寻求最佳的脱模剂和添加剂。

9.7.1 脱模剂概述

脱模剂是为防止成型的复合材料制品在模具上黏着，而在制品与模具之间施加一类隔离膜，以便制品很容易从模具中脱出，同时保证制品表面质量和模具完好无损。常用的脱模剂主要有以下几类[12]：

(1)按脱模剂的使用方式不同有外脱模剂及内脱模剂之分。外脱模剂是直接将脱模剂涂敷在模具上；内脱模剂是一些熔点比普通模制温度稍低的化合物，在加热成型工艺中将其加入树脂中，它与液态树脂相容，但与固化树脂不相容，在一定加工温度条件下，从树脂基体渗出，在模具和制品之间形成一层隔离膜。

(2)按脱模剂的状态不同有薄膜型（主要有聚酯、聚乙烯、聚氯乙烯、玻璃纸、氟塑料薄膜）、溶液型（主要有烃类、醇类、羧酸及羧酸酯、羧酸的金属盐、酮、酰胺和卤代烃）、膏状及蜡状（包括硅酯、HK-50耐热油膏、汽缸油、汽油与沥青的溶液及蜡型）脱模剂。基中蜡型脱模剂是应用最广泛的一类脱模剂，价格便宜、使用方便、无毒、脱模效果好，缺点是会使制品表面沾油污，影响表面上漆，漏涂时会使脱模困难。对于成型形状复杂的大型制品常与溶液型脱模剂复合使用。

(3)按脱模剂的组合情况有单一型和复合型脱模剂（包括组分复合和使用方式上的复合）。

(4)按脱模剂的使用温度有常温型和高温型脱模剂，如常温蜡、高温蜡及硬脂酸盐类。

(5)按其化学组成有无机脱模剂（如滑石粉、高岭土等）和有机脱模剂。

(6)按其复用次数有一次性脱模剂和多次性脱模剂。

由于环氧树脂对其他材料粘接力极佳，所以当需使用模具使环氧树脂成型时都会遇到脱模剂的问题。为了把已固化的制品顺利地从模具上取下来，必须在模具的工作面上涂脱模剂。一方面可以使环氧树脂制品表面光洁，另一方面保护模具不受损坏。

脱模剂分为内部润滑性和外部润滑性两类。前者主要是提高聚合物分子本身的润滑性，它要求与树脂聚合物有一定程度的亲和性或相溶性。后者是提高模具与聚合物之间的润滑性。因而对它的选择很重要，对脱模剂一般要求如下：使用方便、干燥时间短；操作安全、无毒；均匀光滑，成膜性好；对模具无腐蚀，对树脂固化无影响；对树脂的黏附力低；配制容易、价格便宜。

事实上要完全满足以上各点要求是很难做到，只能根据具体情况和条件予以选择。

常用的外部润滑性脱模剂有以下几类：

(1)薄膜类：如聚乙烯、聚丙烯、聚氯乙烯、聚酯薄膜等塑料膜。这种塑料膜脱模剂使用简便，防粘性好。但缺点是铺设性差，一般用于几何形状简单的制品。

(2)溶液类：常用的有聚乙烯醇、硅油、硅脂、液体或乳化石蜡等。如硅脂与甲苯溶液做成的脱模剂，成膜性好、脱模效果好，可在180℃左右的温度下使用。其缺点是模具在涂上硅酯溶液后要在200℃左右烘烤，否则不易成膜。一般用于高温成型的金属模具。还有在金属模具上喷涂悬浮聚四氟乙烯或聚全氟乙丙烯，但此法价格高，且需烧结处理。

(3)油膏、石蜡、硬脂酸类：但使用不方便，不易涂布均匀，影响脱膜效果。它又分四类：蜡直接熔化后的成型品；乳化品；与其他物质调配后成型物；经化学反应的成品。

9.7.2 试验内容

9.7.2.1 性能试验

本试验的固定工艺参数：施胶量100%；固化剂0.2%；上模温度130～140℃；下模温度130～140℃；压力30 MPa；保压时间300 s。

试验方案见表9-10。

试验现象及结果分析：

(1)试验1～3和试验4～6均是在施胶量、固化剂、上模温度、下模温度、压力和保压时间一定的前提下，添加剂分别为(a)和(b)、用量为15%时，使用不同值的脱模剂(a)。从试验现象可以看出，不同的脱模剂用量对脱模效果均有影响，都有利于脱模；脱模剂用量为5%时，脱模效果不稳定，有个别粘边现象，而脱模剂用量为15%脱模效果虽然明显，但出现“分层”现象，影响成型效果，因此脱模剂(a)的用量为10%时最优。

表 9-10　性能试验

试验号	添加剂		脱模剂		试验现象
	种类	比例/%	种类	比例/%	
1	(a)	15	(a)	5	不粘底面，边缘略有粘边现象，易脱模，个别试验样品立边顶有毛刺
2	(a)	15	(a)	10	不粘底面，边缘没有粘边现象，易脱模，钵孔内壁光滑
3	(a)	15	(a)	15	边缘易脱模，个别试验样品立边有断层，易脱模，钵孔内壁光滑
4	(b)	15	(a)	5	个别试验样品边缘粘模具，但底面光滑不粘，易脱模，钵孔内壁光滑
5	(b)	15	(a)	10	底面光滑油亮，易脱模，钵孔内壁光滑
6	(b)	15	(a)	15	个别试验样品仍有断层现象，但易脱模，钵孔内壁光滑
7	(a)	15	(b)	喷	底面光滑且不粘，但个别试验样品有粘立边现象
8	(b)	15	(b)	喷	现象与试验7基本相同

注：每组试验进行5次重复试验；"喷"代表模具表面喷脱模剂。

(2)试验2和试验5相比较，除添加剂的种类不同外，其他条件均相同。从试验现象得出，两种添加剂对脱模效果没有影响；但从生产成本考虑，添加剂(a)较添加剂(b)价格更便宜、更易得，因此采用添加剂(a)。

(3)试验7和试验8，均是在施胶量、固化剂、上模温度、下模温度、压力和保压时间一定的前提下，采取不同种类的添加剂，脱模剂采用脱模剂(b)。从试验现象可以看出，脱模剂(b)有一定的脱模效果，但粘立边现象主要是由于采用向模具内部喷洒的方法，喷洒时很难保证喷洒均匀，进而无法保证脱模效果稳定；而两种添加剂对脱模效果没有影响。

(4)从脱模效果、成型效果、脱模剂使用方式和生产成本等诸方面考虑得出，脱模剂采用脱模剂(a)，用量为10%，添加剂为(a)，用量为15%。

9.7.2.2 浸水试验

将性能试验的试验样品浸泡水中 20 天，每天测量尺寸变化得出膨胀率(%)变化曲线图(图 9-29 至图 9-36)，通过观察水中秧盘的尺寸变化及取出时是否折断以此定性验证其湿强度(表 9-11)。

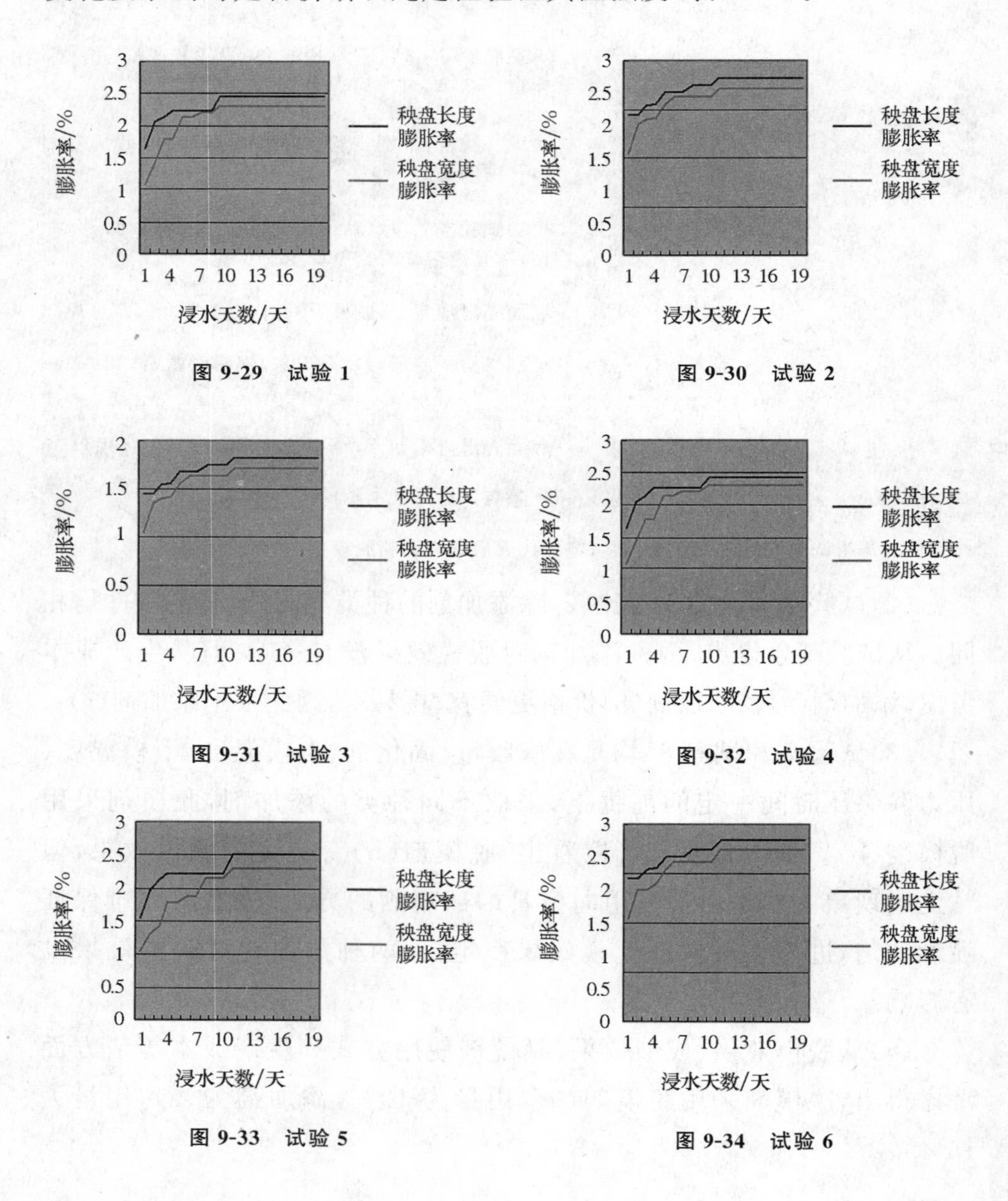

图 9-29 试验 1

图 9-30 试验 2

图 9-31 试验 3

图 9-32 试验 4

图 9-33 试验 5

图 9-34 试验 6

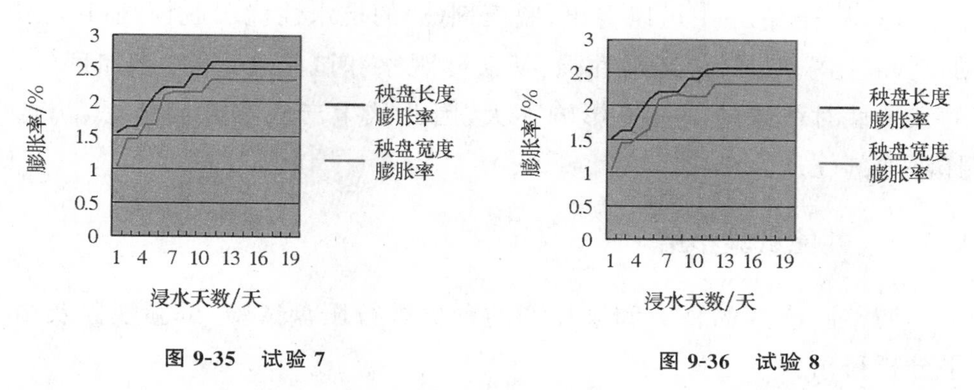

图 9-35　试验 7　　**图 9-36　试验 8**

表 9-11　浸水试验

试验号	变化试验现象
1	秧盘边缘立边发软，秧盘重量明显增加，取出时个别样品有裂缝，但未折断
2	秧盘边缘略有发软现象，但取出时没有裂缝，没有折断现象
3	秧盘边缘没有发生变化，取出时没有折断现象
4	秧盘边缘立边有发软现象，但较试验 1 好些，取出时秧盘发软，但没有裂缝，未折断
5	秧盘边缘完好，没有折断现象
6	秧盘边缘完好，没有折断现象
7	个别样品边缘立边发软，脱模时粘模具的地方发软，取出时未折断
8	个别样品边缘立边发软，但较试验 7 好些，取出时未折断

试验现象及结果分析：

(1)膨胀率曲线图表明随着浸水天数的增加，膨胀率随之增长；浸水初期膨胀率增长趋势明显，在浸泡 10 天后均保持在一定水平上不再增长，说明秧盘浸泡水中 10 天后达到吸水饱和。

(2)从曲线图 9-29 到图 9-34 上看出，在添加剂种类相同的条件下，随着脱模剂(a)用量的增加膨胀率略有降低，说明脱模剂(a)有一定的抗水作用；在脱模剂用量相同的条件下，使用添加剂(a)和添加剂(b)膨胀率变化不明显。

(3)曲线图 9-35 和图 9-29、图 9-30、图 9-31 相比较，在使用添加剂种类和用量相同的条件下，使用脱模剂(b)的吸水膨胀率较脱模剂(a)的增长明显，说明脱模剂(b)的抗水性没有脱模剂(a)的明显。

(4)从表 9-11 中可以看出,脱模剂(a)的抗水性优于脱模剂(b);添加剂(a)比添加剂(b)亲水性强,从实际观察和试验现象看,添加剂(a)的亲水性对秧盘的湿强度影响不大,因此从生产成本方面考虑,仍选择添加剂(a)。

9.7.3 性能试验小结

调整脱模剂的种类和添加剂的种类进行压盘试验,试验现象及结果分析得出:

(1)不同的脱模剂对成型效果有一定的影响,用量过大影响黏合剂的黏合,对立边成型有负面影响。对脱模效果有显著的影响,按使用量将脱模剂(a)直接放入配料中混合,使用方便易操作,同时脱模效果较脱模剂(b)好,因此试验用脱模剂选用脱模剂(a)。

(2)不同的脱模剂对抗水性有不同的影响,脱模剂(a)具有一定的抗水性,脱模剂(b)的抗水性不显著。

(3)不同的添加剂对成型效果有很大的影响,此内容前几章已有介绍,此处不再赘述;对脱模效果没有影响,而由于添加剂有一定的亲水性,对抗水性有一定的影响,但影响不显著,不影响其使用。

(4)通过性能试验和浸水试验得出结论,脱模剂采用脱模剂(a),其使用量根据经验取 10%,是否最优待以后继续探讨;使用添加剂尽管有不妥之处,但综合成型效果及生产成本考虑,仍需使用添加剂,通过本试验验证采用添加剂(a)。

9.8 热模工艺工厂化生产

根据上述各种试验结果和试验经验,进行秧盘的小试生产。将成型模具按照工厂化生产形式进行设计并制造了热压成型机组如图 9-37 所示,单个热压成型机如图 9-38 所示。将试验分析的最优成分配比进行生产实践,将生产的秧盘应用于当年的水稻生产。

图 9-37　热压成型机组

图 9-38　热压成型机

9.9　本章小结

本试验研究通过大量反复的单因素试验和多因素试验，探索出了带钵移栽水稻秧盘成型工艺流程及制备成型工艺参数，总结试验得出以下结论：

(1)本试验研究解决了塑料秧盘无法直接与插秧机械配套使用的问题，填补了此领域研究的空白，为水稻钵育苗栽植技术的推广提供了事实依据，也为其他作物生长所需育苗容器的研究提供了一定的借鉴作用。

(2)本试验研究初期试求成型，成型之后通过单因素试验研究了制备成型工艺参数对成型性能的影响，初步了解了影响成型工艺的主要参数。通过成型工艺参数多因素试验的方差分析、试验因素分析和贡献率分析，综合分析试验结果得出，施胶量、添加剂量、固化剂量和上模温度对秧盘立边率有显著性影响，其他因素没有显著性影响。

(3)多因素试验得出的成型工艺参数的较优解是：施胶量 $A=100\%$，添加剂量 $B=90$ g，固化剂量 $C=0.2\%$，粉的质量 $D=$粗粉多，混料重 $E=1\ 200$ g，压力 $F=30$ MPa，上模温度 $G=120\sim130$℃，下模温度 $H=130\sim140$℃，保压时间 $J=300$ s。

(4)试验误差包括随机误差、系统误差和过失误差，其中随机误差是由各种随机因素而引起的，系统误差是由于在试验中存在某些恒定的干扰因子，此两种误差是不可避免的。为了避免此两种误差，本试验条件尽量保证是在相同条件下完成的。过失误差是由于不应有的原因造成的，如温度读数时，使用测温仪采集测温点时，不能保证每次都在同一个点上测温，造成了温度值的误差；混料时不可能保证每次拌料的均匀度都一致，混料不均匀对成型质量有一定的影响；称量各试验物品时称量误差也是不可避免。

(5)为了推广以带钵移栽水稻秧盘为核心的水稻钵育栽植技术，根据本试验研究选择出的黏合剂及得出的制备成型技术优方案，指导秧盘工厂化生产，进行水稻种植生产试验示范。秧盘的生产基地设在建三江分局的大兴农场，在垦区东部四个分局(建三江、牡丹江、宝泉岭和红兴隆)15 个农场设有试验示范区，地方示范区设在大庆市杜尔伯特蒙古族自治县江湾乡，尽管试验示范区分布广泛，地域差异很大，但通过实际测产得出各示范区都均有不同程度的水稻增产，说明水稻带钵移栽水稻秧盘的使用不受地域限制，对水稻的增产增收具有明显效果。

（6）工厂化生产不同于实验室内的研究试验，在秧盘加工生产的过程中，显现出了一些实际问题，如：①热压成型模具需要大量的热源以保持热压温度，这样的能源投入增加了生产成本，进而提高了秧盘的单个售价；②成型时的保压时间、人工填料时和脱模时的操作时间及模具脱模时降温再合模加热时的升温时间，这些时间累积起来对生产效率造成了严重的影响和制约。因此，需要在总结经验的基础上，进行制备技术的改进以提高工厂化生产效率。

第 10 章　带钵移栽水稻秧盘冷模工艺研究

为了提高工厂化生产效率，降低带钵移栽水稻秧盘的生产成本，受轮胎碾压泥土路面后可以留下清晰且连续胎纹的启发，本章节研究一种新型模压工艺——对辊碾压冷模制备成型工艺(简称辊压成型)。

10.1　带钵移栽水稻秧盘结构设计

10.1.1　横向尺寸设计

秧盘横向尺寸确定主要考虑的问题是：带钵移栽水稻秧盘由于是水稻秸秆为主原料加工而成的，在育秧期间受温室大棚湿热环境影响易发生膨胀。目前市场上常用水稻栽植机(插秧机)秧箱单一秧苗放置空格横向尺寸为 285 mm，即移栽前的秧盘横向总尺寸(含膨胀量)不应超过 285 mm。

基于以上考虑，秧盘横向尺寸最大值由下面公式确定：

$$B = \frac{285}{1+\phi}$$

式中：B——秧盘横向尺寸最大值，mm；

ϕ——秧盘最大膨胀率,%。

结合常规育秧方法,在温室大棚内对秧盘横向尺寸膨胀规律实地观测,观测结果如表 10-1 所示。

表 10-1　秧盘膨胀率观测结果

生长期	育秧大棚最高温度/℃	相对湿度/%	膨胀率/%
种子根发育期(出苗期)	25	81～90	1.23～1.89
第一完全叶伸长期	28	82～93	1.67～2.11
离乳期	32	73～84	2.11～2.68
第四叶长出期	33	70～82	2.58～2.85

由表 10-1 可知,在育秧期间,秧盘横向尺寸最大膨胀率为 2.85%。因此,秧盘横向尺寸最大值 $B=277$ mm。

10.1.2　单行钵孔总数

目前市场上常用的插秧机分秧栽插次数为 18 次,为保证移栽作业的通用性,确定秧盘单行钵孔总数为 18 穴。

10.1.3　单穴钵孔

(1)单穴钵孔横截面积

钵孔应为水稻种子提供最适宜的生长空间。大量试验表明,水稻种子最适宜生长空间参数如表 10-2 所示。

表 10-2　水稻种子最适宜生长空间

名称	数值
最适播种量/(粒/cm^2)	2.64
土壤厚度(含表土和底土)/mm	20

钵孔横截面面积由下式确定:

$$S=\frac{S_1}{2.64}$$

式中：S——钵孔横截面积，cm^2；

S_1——播种量，粒（注：2.64 为单位面积最大播种量，粒/cm^2）。

根据钵育栽植技术精量播种农艺要求，单穴钵孔内播种量 3～5 粒，确定横截面积 1.14～1.89 cm^2 和秧盘的高度 h=20 mm。

(2)钵孔截面

在确定钵孔横截面积基础上，应确定钵孔横截面形状。从加工角度考虑，一般选用两种形式：方形孔（图 10-1）和圆孔（图 10-2）。

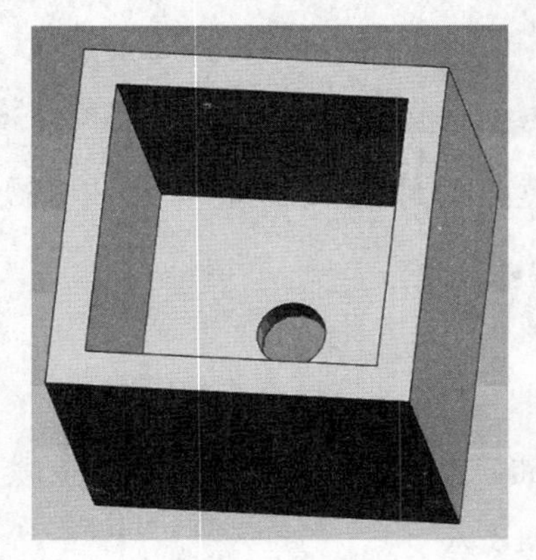

图 10-1 方形孔

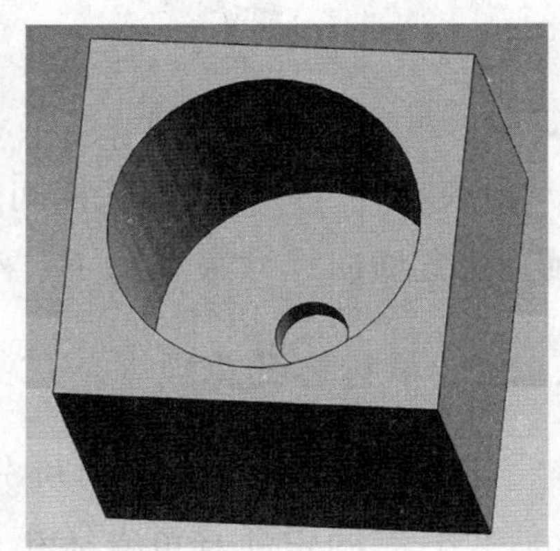

图 10-2 圆形孔

从辊压工艺的成型模具特殊设计（成型模具设计见本章 10.2.5 节部分）角度出发，秧盘成型后脱模是关键，方形钵孔便于从这种辊压机上脱模。因此，钵孔横截面形状选取为方形孔，并设计脱模件为“树枝”状，脱模件设计示意图如图 10-3 所示，组装局部图如图10-4 所示。

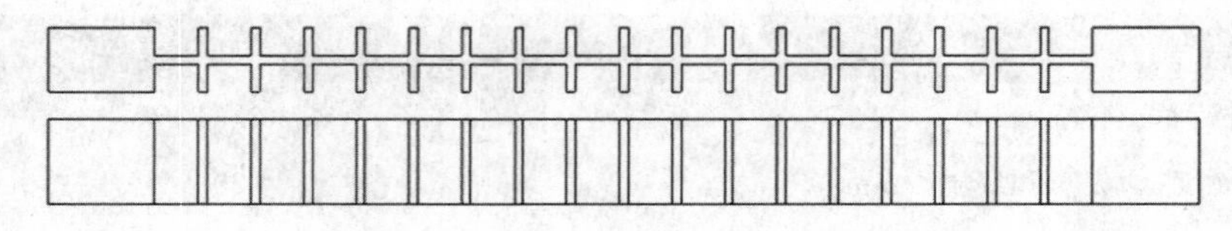

图 10-3 脱模件

图 10-4　脱模件组装局部图

10.1.4　立边厚度

(1)立边厚度常规计算

立边厚度：

$$b=\frac{B-18\times l}{19}$$

式中：b——立边厚度最大值，mm；

B——植质秧盘的横向尺寸最大值，mm；

l——钵孔截面边长，10.7～13.7 mm；

注：18 表示横向单行钵孔总数，19 表示立边总数。

试验证实：立边越厚，改进后的秧盘强度越大。为提高在移栽前带钵移栽水稻秧盘的完整性，在满足水稻农艺要求的前提条件下，应确保立边厚度最大。

取 $B=277$ mm 和 $l=10.7$ mm，故 $b=4.4$ mm。

(2)立边厚度修正

根据钵苗移栽要求，需考虑以下问题：

(1)秧盘横向尺寸已确定为 277 mm，根据横向布置的钵孔数 18 穴，且单个钵孔为方形。

(2)在移栽时,如果 1 个秧盘最后一行立边厚度为 4.4 mm,理论上秧针切割其中间部位,则还剩下 2.2 mm 残余立边,将影响后续作业,如图 10-5 所示。

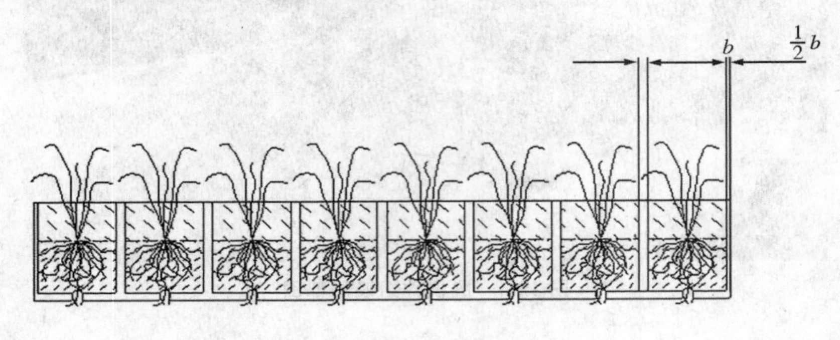

图 10-5 立边修正

综合以上问题,需对立边厚度进行修正,将此种情况下立边厚度修正为 $\frac{1}{2}b=2.2$ mm,可有效解决上述问题。

10.1.5 纵向尺寸设计

冷模工艺制备的秧盘不能过度卷曲,几何形心挠度不应超过许用挠度,如图 10-6 所示,可根据挠度确定钵盘纵向尺寸最大值,关系式:

$$y_c \leqslant [y_c]$$

式中:y_c——几何形心 C 挠度,mm;

$[y_c]$——几何形心 C 许用挠度,mm。

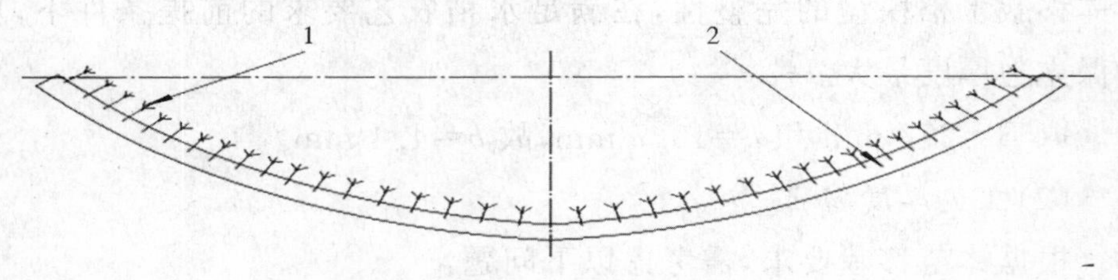

1. 钵育苗 2. 水稻秧盘

图 10-6 水稻秧盘弯曲变形

移栽搬运秧盘可将带钵移栽水稻秧盘视为受均布载荷作用的横梁，其几何形心 C 挠度计算式：

$$y_c = \frac{5ql^4}{384EI}$$

式中：y_c——几何形心 C 挠度，mm；

q——均布载荷，kN/m；

l——带钵移栽水稻秧盘纵向尺寸，m；

E——弹性模量，GPa；

I——惯性矩，mm。

经试验得到许用挠度$[y_c]=4.2$ mm，因此只需计算出均布载荷 q、弹性模量 E 和惯性矩 I 可得秧盘纵向尺寸最大值。

(1)弹性模量

秧盘弹性模量是使用试件在试验机上测试得出的。将试件做成标准试块(3 穴×5 穴)，由于与金属材料相比试块强度较小，所以本试验采用压缩方式测定弹性模量。在试验机上施加载荷，使试块在缓慢载荷作用下产生弹性变形，载荷去除后恢复原形。

弹性模量由下式计算得到：

$$\begin{cases} E = \dfrac{\sigma}{\varepsilon} \\ \sigma = \dfrac{F}{A} \\ \varepsilon = \dfrac{\Delta L}{L} \end{cases}$$

式中：E——弹性模量；

σ——应力，GPa/m^2；

ε——应变；

A——秧盘的横向截面面积(去除钵孔面积)，m^2；

F——作用力，kN；

ΔL——变形量,m;

L——秧盘纵向尺寸,m。

经计算:E=5.49 GPa。

(2)几何形心

计算秧盘惯性矩,应先确定其几何形心及其与弯曲底面距离。建立几何形心坐标 X_1 和弯曲面坐标 X_2,如图 10-7 所示。

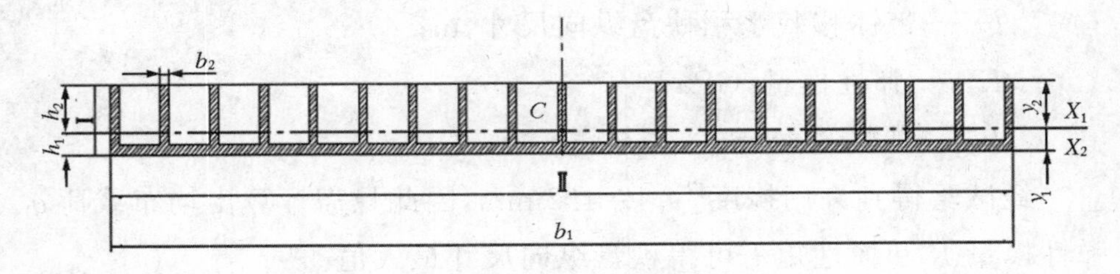

图 10-7 横向截面坐标系

假设 C 点为横向截面几何形心,y_1 和 y_2 分别表示秧盘弯曲底面和上表面与几何形心坐标轴距离。由于秧盘的横向截面特殊结构,将其分为Ⅰ(立边截面)和Ⅱ(底部截面)两部分。秧盘几何形心 C 与弯曲面坐标 X_2 距离 y_1 由下式确定:

$$y_1 = \frac{\sum_{i=1}^{n} A_i y_i}{\sum_{i=1}^{n} A_i} = \frac{A_{\mathrm{I}}\, y_{\mathrm{I}} + A_{\mathrm{II}}\, y_{\mathrm{II}}}{A_{\mathrm{I}} + NA_{\mathrm{II}}}$$

式中:A_{I}——Ⅰ部分面积,mm^2,$A_{\mathrm{I}}=h_1\times b_2$;

y_{I}——Ⅰ部分几何形心与弯曲坐标,$y_{\mathrm{I}}=\dfrac{h_1}{2}$;

A_{II}——Ⅱ部分面积,mm^2,$A_{\mathrm{II}}=h_2\times b_2$;

y_{II}——Ⅱ部分几何形心与弯曲坐标,$y_{\mathrm{II}}=h_1\ \dfrac{h_2}{2}$;

N=19。

经计算得:y_1=9.18 mm。

(3)惯性矩

惯性矩：

$$I=\left[\frac{b_1h_1^3}{12}+A_{\mathrm{I}}\left(y_1-\frac{h_1}{2}\right)^2\right]+\left[\frac{b_2h_2^3}{12}+A_{\mathrm{II}}\left(y_2-\frac{h_2}{2}\right)^2\right]$$

式中：b_1——截面横向尺寸，取 $b_1=277$ mm；

h_1——秧盘底面厚度(不包括钵孔)，取 $h_1=3$ mm；

b_2——立边厚度，取 $b_2=4.4$ mm；

h_2——钵孔深度，取 $h_2=20$ mm；

y_1+y_2——秧盘厚度，取 $y_1+y_2=23$ mm。

经计算得：$I=12.5\times10^4\ \mathrm{mm}^4$。

(4)纵向尺寸最大值

确定均布载荷 q，视带钵移栽水稻秧盘本身重量均匀分布其底面。移栽前单一秧盘质量组成如表10-3所示。

表10-3 移栽前单一秧盘质量组成

单位钵孔	质量/g
土壤	4
种子	1.3
水	10
秧盘	1 100

故

$$q=\frac{[1.1\times9.8+(4+1.3+10)\times18\times n\times9.8]\times\frac{1}{1\,000}}{L}$$

式中：q——均布载荷，kN/m；

L——秧盘纵向尺寸，m；

n——单一带钵移栽水稻秧盘总行数，行，$n=\frac{L\times10^{-3}}{15.1}$。

综合得出：$L\leqslant0.120\,7$ m。从应用经济性考虑，取 $L=120$ mm。

10.1.6 透水孔孔径

为保证秧苗根部的水分平衡，需要在秧盘底部中心位置留有透水孔，可以将多余水分渗透到床土中或缺水时可以从床土中吸收水分。透水孔的孔径大小一方面可以影响着水分的渗透和吸收；另一方面秧根通过透水孔向下生长可以植入床土中，孔径越大秧根伸出量越大，在秧盘钵苗起盘时对秧根的损伤就越大。透水孔的孔径设计要适当。

通过大量试验表明：在透水孔的孔径 $\phi \leqslant 3$ mm 时，既能保证水分渗透和吸收，也能使秧根损伤最小。因此，在秧盘底部设计 $\phi = 3$ mm 的透水孔。

10.1.7 结构强度分析

试验发现，这种秧盘的断裂多发生在起盘阶段，此时其受力分析如图 10-8 所示。起盘时秧盘一端（一般为秧盘的纵向）在 F_B 作用下缓慢抬起，此时需要克服秧盘重力、钵育苗重力及育秧土重力（总称 P）和秧根牵拉力 F_L 作用，直到最后一列秧根（须根）扯断后即可完成起盘作业。

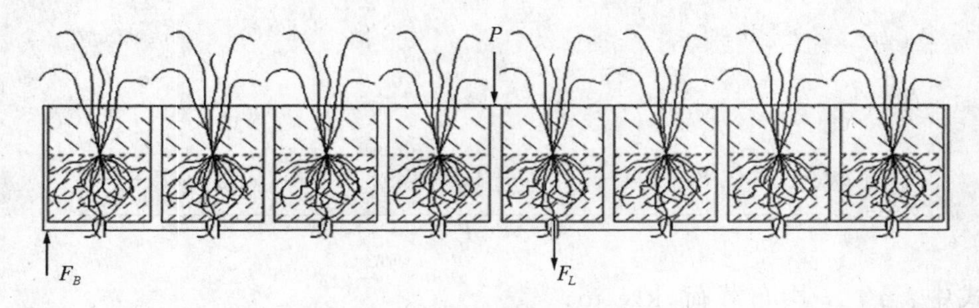

图 10-8 起盘受力分析

为便于对带钵移栽水稻秧盘进行结构强度分析，需要对起盘过程进行简化和假定。

(1)假定秧盘重力、钵育苗重力及育秧土重力(总称 P)为作用于秧盘的均匀载荷。

(2)假定同一秧盘内的钵育苗所有秧根所受牵拉力 F_L 相同,并看作为均匀载荷。

因此,可将秧盘起盘受力看作简单超静定梁,受力如图 10-9 所示。

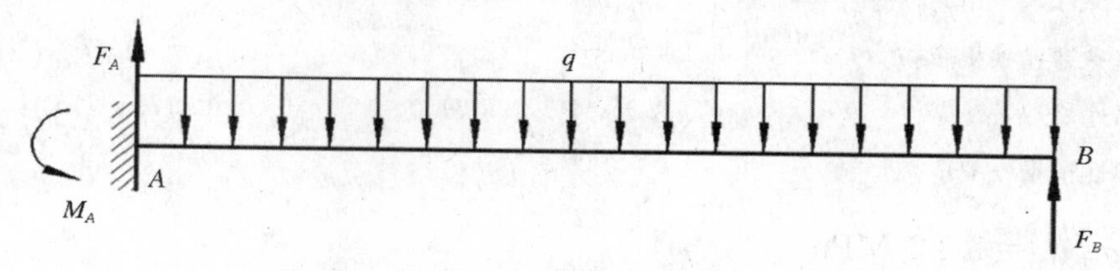

图 10-9　起盘过程简化

其弯矩图如图 10-10 所示。

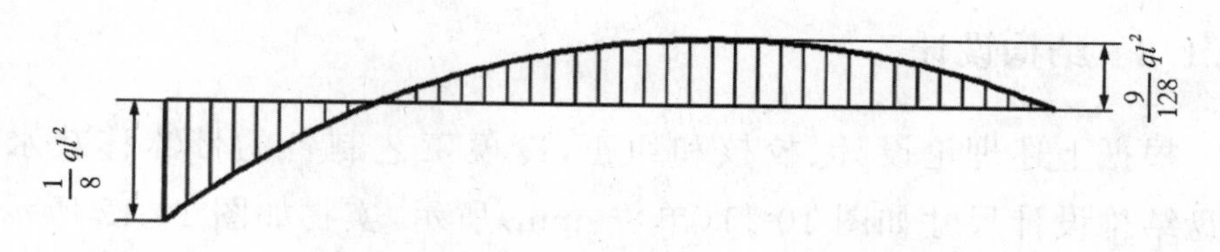

图 10-10　弯矩图

对于带钵移栽水稻秧盘:

$$\sigma_{\max 18} = \frac{M_{\max 18} \times y_2}{I}$$

式中:$\sigma_{\max}$——秧盘最大正应力,MPa;

$M_{\max 18}$——最大扭矩,N·m;

y_2、I——分别为几何形心与秧盘表面距离(见图 10-7)和惯性矩,取 $y_2 = 13.82$ mm,$I = 12.5 \times 10^4$ mm^4。

$$\sigma_{\max 18} = 1.06 \text{ MPa} < [\sigma] = 1.13 \text{ MPa}$$

因此,带钵移栽水稻秧盘强度能够满足起盘要求。

秧盘力学参数如表 10-4 所示。

表 10-4 秧盘力学参数

项目	新型育秧载体	
	改进前	改进后
y_1/mm	6.11	9.18
y_2/mm	16.89	13.82
单一钵孔土苗总质量/g	17	15
单一钵孔秧根牵拉力/N	0.43	0.43
惯性矩/mm^4	29.2×10^4	12.5×10^4
弹性模量/GPa	5.49	5.49

$\sigma_{max14}=1.22$ MPa

由于 $\sigma_{max18}<\sigma_{max14}$，说明秧盘强度得到改善，经计算 σ_{max} 提高15.09%，能够满足起盘要求。

10.1.8 结构设计

根据上述理论设计、校核和纠正，冷模工艺制备的带钵移栽水稻秧盘结构设计尺寸如图 10-11（单位：mm）所示，实物如图 10-12 所示。

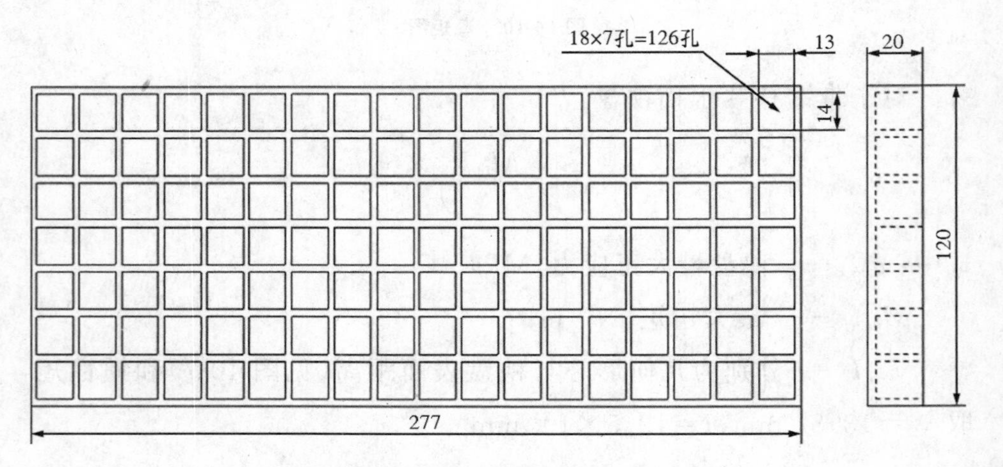

图 10-11 带钵移栽水稻秧盘结构设计

图 10-12　带钵移栽水稻秧盘

10.2　冷模工艺成型系统设计与试验

10.2.1　设计要求

冷模工艺成型系统设计要求：

(1)成型介质以粉碎后稻草粉为主原料，辅以其他添加剂。

(2)采用对辊碾压冷模制备工艺成型技术，节省能源，降低生产成本。

(3)成型模具做连续圆周运动，可以提高秧盘加工的生产率。

(4)设备操控简单。

10.2.2　工作过程

将去除茎叶的水稻秸秆切成 10～12 cm 小段后粉碎，粉碎后的稻草粉如图 10-13 所示。

将稻草粉和添加剂按照一定比例放在混料室，在搅拌装置工作下，混料充分混合，搅拌均匀后直接经输送带传送到容料辊型腔，在对辊碾压的作用下连续成型，在脱模件(参见图 10-3)和退盘机构作用下，带钵移栽水稻秧盘与成型辊脱离，下落到输送带上，由人工拾取装捆。

图 10-13　粉碎加工后的稻草粉

10.2.3　成型系统组成

制备的最初阶段也是关键步骤——混料搅拌,原材料需要按照最优的成分配比混合搅拌,搅拌装置必不可少。

混料经过均匀搅拌后才可以投入到容料辊型腔中压制成型,输送装置也必不可少,包括物料输送和承接成盘的输送。

根据试验和经验发现,搅拌后混料容易出现物料结团现象,而且较为严重。分析原因主要是稻草粉和其他辅料未配制混拌前都是干粉,按照成分配比设计,需要添加一定比例的水,稻草粉和添加剂呈现一定的黏性,部分混料彼此粘结在一起。最初的小团块沿着螺旋带运动时,会发生类似“滚雪球”的现象,搅拌时间越久,团块沿搅拌室内壁和分散物料接触的机会越多,滚粘的体积就会越来越大,这种团块物料是不能作为物料直接进行制备秧盘的(经试验发现,团块物料制备出的秧盘强度分布不均匀),必须经过破碎处理呈分散状,因此还需要添加辅助设备—粉碎装置,使得分散状混料满足秧盘的成型要求。

成型系统组成包括辊压成型装置、混料搅拌装置、粉碎装置和输送装置。

10.2.4　混料搅拌装置设计与试验

通过研究和筛选确定采用螺带式搅拌器。螺带式搅拌装置是利用机械力和重力等，将两种或两种以上物料均匀混合起来的机械。常用于黏性或有凝聚性的粉粒体的混合，也可以对低密度的细颗粒物料、纤维状物料及糊状物料进行混合。此种混合搅拌机械性能优越，可达到较高的混合度，混料理想运动状态如图 10-14 所示。在有喷液装置的情况下，该装置还可以向粉粒体中直接喷加液体。

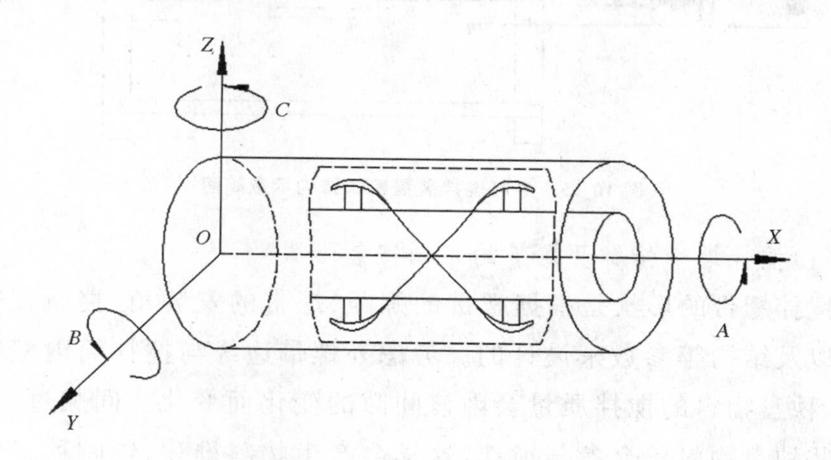

图 10-14　混料理想运动状态

10.2.4.1　试验样机的整体结构

通过对前面的分析，混料搅拌装置中的搅拌螺带拌臂的相位、螺带的角度，搅拌容器容积以及搅拌轴的速度对搅拌效果都有影响。方便试验数据的采集及降低试验成本，将主要参数结构的变化设计为可调形式，测得数据后进行优化分析，取得最优参数匹配结构后，再将搅拌装置的主要结构参数定型后在秧盘的生产中使用。

秧盘物料搅拌质量的性能评价指标：秧盘物料搅拌后的均匀度、秧盘压制成型后的抗弯强度及耐水强度和搅拌设备的功耗。

通过对搅拌介质的性态分析，为了保证秧盘制备所需混料的性能要求，研究设计卧式螺带搅拌机，混料搅拌装置整体结构示意简图如图 10-15 所示。

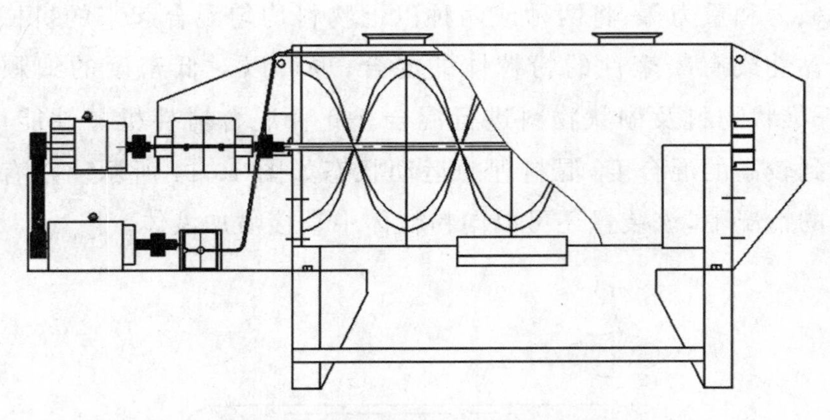

图 10-15 混料搅拌装置整体结构示意简图

(1)搅拌螺带拌臂及螺带的可调安装形式

搅拌螺带的形状是根据螺带的螺距、螺带的安装角、拌筒直径和长度以及结构等参数来设计的。考虑外螺带边缘与搅拌筒内壁存在间隙,秧盘物料的搅拌质量会因该间隙的变化而变化。间隙过大,必然有些秧盘物料不会参与搅拌,这样会产生物料堆积,影响秧盘物料的成分配比,同时也会造成搅拌筒内壁挂料严重,影响出料和后续搅拌。所以,按螺带式搅拌机的设计规定,外螺带的外缘与 U 形搅拌筒内壁的间隙应≤3 mm。

(2)送料及喷液装置

根据每次搅拌物料的量,按配比要求计算出所需水量。再根据储水容灌的容积与高度之间的关系,换算出所需用水的重量与液位的变化关系。如果加水量过多或者过少会导致搅拌过程的一些列问题出现,最直接的就是物料的湿度问题,进而影响到秧盘的压制。所以,在罐体上加装的喷液装置要有液位传感器及相应的控制装置,并选配适当的高压水泵。需要注水的时候,由操作者开启控制装置,将所需用水泵入搅拌机上方的输送水管,并将带有一定压力的水送达雾状喷头,之后喷射到 U 形搅拌筒,在其上方形成两个圆形交织的水雾滴流,如同一层过滤网,从而提高秧盘物料的搅拌质量。

10.2.4.2　结构尺寸设计

结构尺寸设计采取试验研究与理论设计相结合的方法。

试验地点分别为：齐齐哈尔建华厂和胜利农场试验基地；试验用稻草粉自制、配方营养添料自制，试验用试剂试验地提供。

①稻草粉：本次试验用稻草粉来自于试验基地周边水稻田，水稻秸秆经自然风干（含水率为≤14%～16%）储存备用。试验及生产时，将水稻秸秆经筛片孔径为 16 mm 锤片式粉碎机粉碎，粉碎后仓储入袋备试验及生产时用。

②营养添加剂：按照最佳试验结果（详见本章 10.3 节部分）调配好。

③试验水源：正常自来水。

（1）试验研究

①试验方法

采用正交试验设计并用合适的正交表来安排试验，按搅拌标准对给定配比的秧盘混料进行搅拌，搅拌时根据需要测试搅拌功率消耗情况，搅拌后在搅拌筒内不同部位取样，对新拌秧盘混料试样进行匀质性测试；并对试验数据进行采集、整理和分析。

②检验标准

a. 均匀度

混合均匀度可用混合前后的颜色、示踪剂、粒度分布等各种物理量的变化来判断。均一的混合物是指在混合物中任一点检出的主成分概率都相等，称为统计上的完全混合状态。本试验中，秧盘混料的均匀性是对搅拌质量的宏观检验。它是以同一搅拌筒内的秧盘物料的 ΔD 和 ΔQ 作为评价指标的。

其中：

$$\Delta D = \frac{|D_1 - D_2|}{D_1 - D_2} \times 100\%$$

$$D_1 = \frac{W_i - W_{dc}}{V_l - V_k}$$

$$\Delta Q=\frac{|Q_1-Q_2|}{Q_1-Q_2}\times 100\%$$

$$Q_1=\frac{W_{dc}}{V_l}$$

式中：ΔD——秧盘混料中的配方营养添加剂密度的相对误差；

ΔQ——单位体积秧盘混料搅拌物中稻草粉质量的相对误差；

D_i——不含稻草粉的秧盘混料的密度；

W_i——秧盘混料试样的质量；

W_{dc}——混料中稻草粉的质量；

V_l——秧盘混料测定容器体积；

V_k——不含稻草粉的混料体积；

D_1、D_2——试样1、试样2不含稻草粉的密度；

Q_1、Q_2——试样1、试样2的单位稻草粉质量。

在该检测中，参照混凝土和饲料的检验指标并结合生产实际秧盘的制备要求，规定当$\Delta D<0.8\%$，$\Delta Q<5\%$就可以认为秧盘混料混合搅拌达到均匀，ΔD、ΔQ值越低，秧盘混料的均匀度越好。这样的搅拌混料可以满足秧盘的制备及相关强度要求。

b. 功耗指标

对搅拌功率的计算涉及很多因素，目前没有公认的简单、准确的方法。而回转或搅拌粉粒体消耗的功率主要受装置结构、尺寸、粉粒体物性和操作条件影响，其一般关系式为

$$P=2\pi nT$$

式中：P——功率，W；

n——容器或搅拌桨的回转速度，r/s；

T——轴力矩，N·m。

对于容器固定型的卧式搅拌设备的确定可参考

$$T = KD_p^{a_1}\rho^{a_2}\mu_s^{a_3}Z^{a_4}d^{a_5}(s/d)^{a_6}b^{a_7}f^{a_8}$$

但是,关系式中各个参数通过实验测得,非常不方便,同时还要考虑搅拌秧盘混料的物性,尤其是表观密度、流动性、含水率等对混合的功率影响也较大。所以,为了检测搅拌装置的结构参数调和工作参数整对电机功率的消耗,试验时用功率表粗略的测定其大小,来研究搅拌装置参数的优化对功耗的影响程度。将其作为次要评价指标来评价参数的优化效果。

③试验结果与分析

将测得的试验数据按照评价标准处理为 ΔD 和 ΔQ,并对检验指标值进行极差分析,从中找到各参数对评价指标的影响程度,分析各参数的主要原因及次要原因,进而确定搅拌参数的最优匹配方案。

a. 搅拌装置参数的匹配试验分析

由于影响秧盘混料搅拌质量的参数较多,根据因素的主次之分,还要考虑相关因素的不同水平,对于不同的因素水平可以做出适当的调整,以便于能够找到适用的正交表。本次匹配试验的目的是优化搅拌装置的参数。

搅拌装置的主要结构参数有:

A——搅拌筒的长宽比;

B——螺带拌臂的相位;

C——内外螺带的相位关系;

D——内外螺带的旋向组合;

E——螺带的安装角;

F——螺带拌臂数量。

6 个参数作为主要结构参数,再加上一个工作参数:

G——搅拌螺带的线速度。

总共 7 个影响因素。把 7 种不同参数的不同水平列于表 10-5 中。

表 10-5 搅拌装置多参数匹配的因素与水平

因素	水平						
	A	B	C	D	E	F	G/(m/s)
1	窄长型	90°	交错	正正	35°	奇	1.2
2	宽短型	60°	平行	正反	45°	偶	1.5
3	—	45°	—	反反	55°	—	1.7

由实际经验分别选取：拌筒 A 采用窄长型，内外螺带的相位关系 C 为交错，拌臂数目 F 为奇数。水平拟定完后，就可以用正交表 $L_{18}(3^7)$ 安排试验，试验方案与结果如表 10-6 所示。

表 10-6 搅拌装置多参数匹配试验结果

试验号	因素							各指标的试验结果		
	A	B	C	D	E	F	G/(m/s)	ΔD/%	ΔQ/%	功率/kW
1	1.11	90°	交错	正正	35°	5	1.2	0.18	0.21	6.83
2	1.11	60°	平行	正反	45°	6	1.5	0.32	2.04	7.18
3	1.11	45°	交错	反反	55°	5	1.7	0.46	0.62	7.51
4	0.78	90°	交错	正反	45°	7	1.7	1.05	0.17	7.46
5	0.78	60°	平行	反反	55°	7	1.2	2.64	2.25	5.45
6	0.78	45°	交错	正正	35°	8	1.5	2.23	2.29	8.14
7	1.11	90°	平行	正正	55°	6	1.7	4.08	2.78	8.12
8	1.11	60°	交错	正反	35°	5	1.2	0.12	0.15	6.51
9	1.11	45°	交错	反反	55°	5	1.5	0.19	0.06	7.64
10	1.11	90°	交错	反反	45°	6	1.2	2.07	1.08	6.93
11	1.11	60°	交错	正正	45°	5	1.5	0.53	1.01	8.17
12	1.11	45°	平行	正反	35°	5	1.7	1.35	1.30	7.68
13	0.78	90°	平行	反反	35°	7	1.5	1.41	3.19	7.25
14	0.78	60°	交错	正正	45°	7	1.7	1.72	2.26	7.93
15	0.78	45°	交错	正反	55°	8	1.2	0.65	2.69	7.09
16	1.11	90°	交错	正反	55°	5	1.5	0.14	0.11	7.23
17	1.11	60°	交错	反反	55°	6	1.7	0.46	1.03	7.97
18	1.11	45°	平行	正正	45°	5	1.2	1.09	0.51	7.79

试验按正交表的安排进行，测定相应的秧盘物料的均匀度指标和

功率消耗。为进一步探讨最优匹配方案，将试验指标分别进行计算分析，列于表 10-7。

表 10-7　搅拌装置综合参数匹配优化的正交试验的各指标分析结果

指标		因素						
		A	B	C	D	E	F	G/(m/s)
ΔD	K_1	11.00	8.12	9.82	10.4	6.88	10.13	5.51
	K_2	9.42	4.78	10.6	4.15	5.74	10.29	5.90
	K_3	—	7.52	—	5.87	7.80	—	9.01
	k_1	3.667	2.707	3.273	3.467	2.293	3.377	1.837
	k_2	3.140	1.593	3.533	1.383	1.913	3.430	1.967
	k_3	—	2.507	—	1.957	2.600	—	3.003
	极差	0.527	1.113	0.260	2.083	0.687	0.053	1.167
	较优方案	A_1	B_2	C_1	D_2	E_1	F_1	G_1
ΔQ	K_1	10.90	7.54	11.68	9.06	7.14	11.84	6.89
	K_2	12.85	8.74	12.07	6.46	7.07	11.91	8.70
	K_3	—	7.47	—	8.23	9.54	—	8.16
	k_1	3.633	2.513	3.893	3.020	2.380	3.947	2.297
	k_2	4.283	2.313	4.023	2.153	2.357	3.970	2.132
	k_3	—	2.490	—	2.743	3.180	—	2.720
	极差	0.650	0.423	0.130	0.867	0.823	0.023	0.603
	较优方案	A_1	B_2	C_1	D_2	E_3	F_2	G_2
P	K_1	89.56	43.82	89.41	46.98	36.41	87.45	40.6
	K_2	43.32	43.21	43.47	43.15	45.46	45.43	45.61
	K_3	—	45.85	—	42.75	51.01	—	46.67
	k_1	3.581	3.425	3.579	3.937	3.515	3.428	2.894
	k_2	3.336	3.331	3.367	3.325	3.649	3.674	3.738
	k_3	—	3.746	—	3.258	3.357	—	3.684
	极差	0.245	0.415	0.212	0.679	0.292	0.246	0.844
	较优方案	A_1	B_2	C_1	D_2	E_1	F_1	G_1

结合前面的分析，在其他条件不变的情况下，针对优化目标，对搅

拌臂的排列、搅拌螺带的安装角、搅拌筒的长宽比和搅拌速度的合理取值进行了单因素分析与试验研究，获得本设计中所用搅拌机的相关指标值：搅拌螺带拌臂的料流排列采用围流排列；搅拌螺带的相邻搅拌臂相位角 60°；内外螺带的相位交错布置；内外螺带的旋向组合采用正反交错组合形式；试验样机采用窄长形拌筒，其搅拌臂的合理数目为 7。由于采用窄长型拌筒，所以螺带最佳安装角选择 45°是合适的。根据相关理论计算及试验经验，最佳搅拌速度确定为 1.5 m/s。

(2)混合搅拌性能对比试验

搅拌装置的主要参数进行了优化，为了检验优化效果，将优化后的试验样机与未优化搅拌机在同等条件下，对秧盘物料的搅拌质量进行对比试验，测试结果如表 10-8 所示。

表 10-8 不同类型的搅拌机的对比试验结果

试验组号	搅拌机类型	各指标的试验结果		
		均匀度		功率
		$\Delta D/\%$	$\Delta Q/\%$	P/kW
1	试验样机	0.38	0.81	3.90
2	试验样机	0.53	0.49	3.90
3	普通搅拌装置	0.47	1.63	3.86
4	单螺带搅拌机	0.21	1.23	4.77

经过对比试验，测得相应指标数据，处理后如表可知：优化后的采用合理参数匹配的试验样机不仅能达到秧盘物料搅拌后匀度的要求，而且经过烘干后的秧盘抗弯强度和耐水强度要比其他形式的增加 20%，比普通强制式搅拌机提高 4%。

特别是试验样机增加了辅助飞刀装置，具有改善搅拌低效区性能，改变了料流的状态，和原有单纯螺带式搅拌机相比，不论是在宏观均匀度还是微观均匀度都要好于原有搅拌装置，而且能耗相对降低。通过参数优化的搅拌装置，结构不变，能耗减小，在后续的推广中具有较好的经济性。

经过上述研究，加工混料搅拌装置的实际设备如图10-16所示，主要由混料室、螺带搅拌机构、出料机构、传动机构和机架等组成。

图10-16　混料搅拌装置

10.2.5　辊压成型装置设计

10.2.5.1　辊压机的整体结构

辊压机的整体结构组成主要由电机、联轴器、链轮配合、齿轮配合、对辊型模具、退盘机构、输送机构和机架等组成，整体结构如图10-17所示(单位：mm)。

10.2.5.2　传动装置的设计

(1)电动机选用

①电动机选用的基本原则

根据负载转矩、转速变化范围和启动频繁程度等要求，考虑电动机的温升限制、过载能力和启动转矩，合理选择电动机容量，并确定冷却通风方式。同时选定的电动机型号和额定功率应满足搅拌设备开车时启动功率增大的要求。

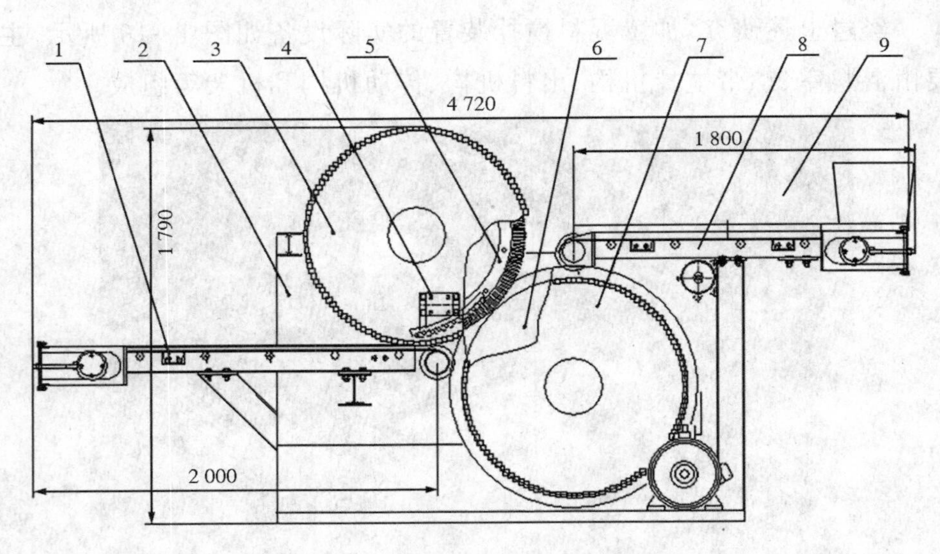

1. 接盘输送带　2. 机架　3. 圆形钢板　4. 退盘机构　5. 成型辊　6. 容料辊
7. 圆形钢板　8. 送料输送带　9. 料槽

图 10-17　辊压机的整体结构

根据使用场所的环境条件，如温度、湿度、灰尘、雨水、瓦斯和腐蚀及易燃易爆气体等，考虑必要的防护方式和电动机的结构型式，确定电动机的防爆等级和防护等级。对于气体或蒸汽爆炸危险环境，应根据爆炸危险环境的分区等级和爆炸危险区域内气体或蒸汽的级别、组别和电动机的使用条件，选择防爆电动机的结构型式和相应的级别、组别；对于粉尘爆炸危险环境，则根据爆炸危险环境的分区等级和电动机的使用条件，选择防爆、防护电动机的结构型式和相应的防爆、防护等级；对于火灾危险环境，则根据火灾危险环境的分区等级和电动机的使用条件，选择防护电动机的结构型式和相应的防护等级。化学腐蚀环境时，应根据腐蚀环境的分类选择相适应的电动机。根据企业电网电压标准和对功率因数的要求，确定电动机的电压等级。根据辊压机的最高转速和对电力传动调速系统的过渡过程的性能要求，以及机械减速的复杂程度，选择电动机的额定转速。

除此之外，选择电动机还必须符合节能要求，并综合考虑运行可靠性、供货情况、备品备件通用性、安装检修难易程度、产品价格、运行和维修费用等因素。

②电动机功率的确定

电动机额定功率是根据它的发热情况来选择的,在允许温度以内,电动机绝缘材料的寿命为 15～25 年。如果超过了允许的温度,电动机使用寿命就要缩短。一般来说,每超过 8℃,使用年限会缩短一半。而电动机的发热情况,又与负载大小及运行时间长短有关。

辊压机的电动机功率必须同时满足辊轮运转及传动装置和密封系统功率损耗的要求,此外还要考虑在操作过程中出现的不利条件造成功率过大等因素。

电动机额定功率可按下式确定:

$$P_{\mathrm{N}} = \frac{P' + P_{\mathrm{S}}}{\eta}$$

式中:P_{N}——电动机功率,kW;

P'——搅拌功率,kW;

P_{S}——轴封装置的摩擦损失功率,kW;

η——传动装置的机械效率。

③电动机选择

由于辊压机转速不大,这里根据运用需要以及厂家提供,选用常州海星机械有限公司的摆线减速器电机。

减速电机型号:WXD-4

电机额定转速:1 440 r/min

电机传动比:11∶1

电机额定功率:4 kW

减速机型号:ZD500

减速机传动比:48.57∶1

减速电机输出转速:1 440/11=130.9 r/min

减速电机输出端齿轮:18 齿

减速机输入端齿轮:19 齿

减速机输入端转速:130.9×18=Z×19,Z=124 r/min

减速机输出端转速:N=124/48.57=2.55 r/min

故电机输出端总传送比:i_1=11×58.57×19/18=680。

④计算总传动比

因为实际需要花辊转动一圈应出 6 个秧盘,减速机输出端齿数为 29 齿,主动辊齿数为 122 齿。主动辊转速 $n\times 122=2.55\times 29$,$n$=0.606 r/min,从动辊与主动辊转速相同方向相反。传送带主动轮直径φ=90 mm,加传送带厚度为φ=100 mm,周长 314 mm,成型主动辊周长 3 060 mm。设皮带主动轮为 12 齿链轮,成型主动辊链轮齿数 z,则 z/3 060=12/314,z=117,传动比为 i=12/117=0.103。

⑤传动参数

Ⅰ轴:$n_1=2.55$(r/min)

Ⅱ轴:$n_2=\dfrac{n_1}{i_2}=\dfrac{2.55}{4.21}=0.606$(r/min)

Ⅲ轴:$n_3=\dfrac{n_2}{i_3}=\dfrac{0.606}{0.103}=5.883$(r/min)

各轴输出功率如下:

Ⅰ轴:$p_1=p\eta_1\eta_2=4\times 0.99\times 0.97=3.841$(kW)

Ⅱ轴:$p_2=p_1\eta_1\eta_2=3.841\times 0.99\times 0.97=3.689$(kW)

Ⅲ轴:$p_3=p_2\eta\eta_2=3.689\times 0.95\times 0.99=3.470$(kW)

式中:η——带传动效率,取 0.95;

η_1——轴承效率,取 0.99;

η_2——齿轮效率,取 0.97。

各轴的输出转矩:

电动机动力输出轴的输出转矩 T_d 为

$$T_d = 9.55 \times 10^6 \times \frac{P_d}{n} = 35\ 016(\mathrm{N \cdot mm})$$

$$T_d = 9.55 \times 10^6 \times \frac{P_d}{n_m} = 26\ 500(\mathrm{N \cdot mm})$$

则Ⅰ轴：$T_1 = T_d \eta_1 \eta_2 i_1 = 26\ 500 \times 0.99 \times 0.97 \times 564$

$= 14\ 352\ 644(\mathrm{N \cdot mm})$

Ⅱ轴：$T_2 = T_1 \eta_1 \eta_2 i_2 = 14\ 352\ 644 \times 0.99 \times 0.97 \times 4.21$

$= 58\ 025\ 773(\mathrm{N \cdot mm})$

Ⅲ轴：$T_3 = P_2 \eta \eta_1 i_3 = 58\ 025\ 773 \times 0.95 \times 0.99 \times 0.103$

$= 5\ 621\ 044(\mathrm{N \cdot mm})$

⑥确定设计功率

设计功率是根据需要传递的名义功率、载荷性质、原动机类型和每天连续工作的时间长短等因素共同确定的，表达式如下：

$$P_d = K_A \times P_m$$

式中：P_m——需要传递的名义功率；

K_A——工作情况系数，按表 10-9 工作情况系数，选取 $K_A = 1.2$。

得 $P_d = 1.2 \times 4 = 4.8$。

(2)齿轮传动的设计计算

①选择齿轮材料与热处理

所设计齿轮传动属于闭式传动。

齿轮采用软齿面。选用价格便宜便于制造的材料，小齿轮材料为 45 钢，调质，齿面硬度 220 HBS；大齿轮材料也为 45 钢，调制处理，硬度为 220 HBS。

精度等级：辊压成型机是一般机器，速度不高，故选 8 级精度。

②按齿面接触疲劳强度设计

$$d_1 \geqslant (6\ 712 \times kT_1(u+1)/\varphi du[\sigma_H]_2)1/3$$

表 10-9 工作情况系数

	工作机	原动机					
		ⅰ类			ⅱ类		
		一天工作时间/h					
		<10	10～16	>16	<10	10～16	>16
载荷平稳	液体搅拌机；离心式水泵；通风机和鼓风机（≤7.5 kW）；离心式压缩机；轻型运输机	1.0	1.1	1.2	1.1	1.2	1.3
载荷变动小	带式运输机（运送砂石、谷物），通风机（>7.5 kW）；发电机；旋转式水泵；金属切削机床；剪床；压力机；印刷机；振动筛	1.1	1.2	1.3	1.2	1.3	1.4
载荷变动较大	螺旋式运输机；斗式上料机；往复式水泵和压缩机；锻锤；磨粉机；锯木机和木工机械；纺织机械	1.2	1.3	1.4	1.4	1.5	1.6
载荷变动很大	破碎机（旋转式、颚式等）；球磨机；棒磨机；起重机；挖掘机；橡胶辊压机	1.3	1.4	1.5	1.5	1.6	1.8

确定有关参数如下：传动比 $i=3.2$。

取小齿轮齿数：$z_1=39$，则大齿轮齿数：$z_2=i\times 39=124.8$，取 $z_2=125$。

③转矩 T_1

由传动系数查得：$T_1=14\ 352\ 644\ \text{N}\cdot\text{mm}$。

④载荷系数 k

取 $k=1.2$。

⑤许用接触应力$[\sigma_H]$

$$[\sigma_H]=\sigma_{H\lim}$$

查机械设计手册得：

$$\sigma_{H\lim1} = 610\ \text{MPa}$$

$$\sigma_{H\lim2} = 500\ \text{MPa}$$

接触疲劳寿命系数 Z_n：按一年 300 个工作日，每天 16 h 计算，由公式

$$N = 60njL_h$$

计算 $N_1 = 60 \times 473.33 \times 10 \times 300 \times 18 = 1.53 \times 10^9$

$N_2 = N_1 / i = 1.53 \times 10^9 / 3.89 = 5.95 \times 10^9$

得 $K_{HN1} = 1, K_{HN2} = 1.05$。

按一般可靠度要求选取安全系数 $S = 1.0$。

$[\sigma_H]_1 = \sigma_{\lim1} K_{HN1} / S = 610 \times 1/1 = 610\ (\text{MPa})$

$[\sigma_H]_2 = \sigma_{\lim2} K_{HN2} / S = 500 \times 1.05/1 = 525\ (\text{MPa})$

故得：

$d_1 \geqslant (6\,712/kT_1(u+1)/\varphi du[\sigma_H]_2)1/3 = 312\ (\text{mm})$

取模数：$m = d_1 / z_1 = 8$ mm。

⑥校核齿根弯曲疲劳强度

$$\sigma_b = 2KT_1 Y_{Fs} / bmd_1$$

确定有关参数和系数。

分度圆直径：

$$d_1 = mz_1 = 8 \times 39 = 312(\text{mm})$$

$$d_2 = mz_2 = 8 \times 125 = 1\,000(\text{mm})$$

齿宽：

$$b = \varphi d d_1 = 1.1 \times 50 = 55(\text{mm})$$

取 $b_2 = 55$ mm，$b_1 = 60$ mm。

⑦复合齿形因数 Y_{Fs}

由机械设计手册得：$Y_{Fs1} = 4.35, Y_{Fs2} = 3.95$。

⑧许用弯曲应力$[\sigma b_b]$

根据机械设计手册：

$$[\sigma b_b] = \sigma b_{b\lim} YN/SF_{\min}$$

弯曲疲劳极限 $\sigma b_{b\lim}$ 应为：$\sigma b_{b_{\lim 1}} = 490$ MPa，$\sigma b_{b\lim 2} = 410$ MPa。

弯曲疲劳寿命系数 Y_N：$Y_{N1} = 1, Y_{N2} = 1$。

弯曲疲劳的最小安全系数 S：按一般可靠性要求，取 $S = 1$。

计算得弯曲疲劳许用应力为

$$[\sigma b_{b1}] = \sigma b_{b\lim 1} Y_{N1}/S = 490 \times 1/1 = 490\ (\text{MPa})$$

$$[\sigma b_{b2}] = \sigma b_{b\lim 2} Y_{N2}/S = 410 \times 1/1 = 410\ (\text{MPa})$$

校核计算

$$\sigma b_{b1} = 2kT_1 Y_{Fs1}/b_1 md_1 = 71.86\ \text{MPa} < [\sigma b_{b1}]$$

$$\sigma b_{b2} = 2kT_1 Y_{Fs2}/b_2 md_2 = 72.61\ \text{MPa} < [\sigma b_{b2}]$$

故轮齿齿根弯曲疲劳强度足够。

大齿轮：如图 10-18 所示。

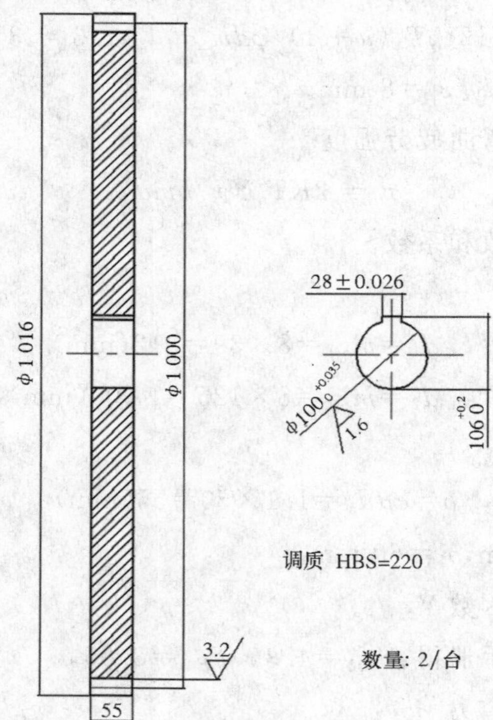

图 10-18 大齿轮尺寸

⑨计算齿轮传动的中心矩 a

$$a=(d_1+d_2)/2=(312+992)/2=652\ (\mathrm{mm})$$

⑩计算齿轮的圆周速度 V

计算圆周速度：$V=\pi n_1 d_1/60\times 1\,000=0.416(\mathrm{m/s})$

因为 $V<6$ m/s，故取 8 级精度合适。

小齿轮：如图 10-19 所示。

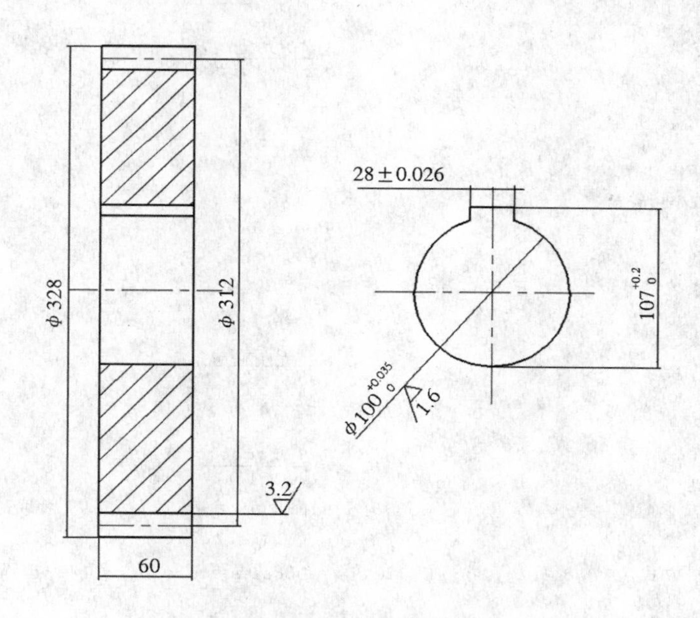

图 10-19　小齿轮尺寸

(3)链传动的设计

设计所需传送带主动轮直径 90 mm 加传送带厚度直径为 100 mm，周长 314 mm。成型主动辊周长 3 060 mm。设皮带主动轮为 12 齿链轮，成型主动辊链轮齿数为 Z，则 $Z/3\,060=12/314$，$Z=117$，传动比 $i=12/117=0.103$。

链轮的传动设计步骤，如表 10-10 所示。

表 10-10 链传动的尺寸计算

序号	计算项目	符号	单位	计算公式和参数选定	结果和说明
1	求传动比	i		$i=n_1/n_2$	0.103
2	主、从动链轮齿数	z_1, z_2		假定链速 v 在 3～8 m/s 内，z_1 取 117，$z_2 = iz_1 = 12$	
3	初定中心距	a_0	mm	取 $a_0=40\ p$	40 p
4	计算链结数	L_P	节	$L_P = 2a_0 + \frac{(z_1 + z_2)}{2} + \frac{P}{2a_0}\frac{(z_2 - z_1)}{\pi}$ $L_{p0}=151.5$	152 整为相近的偶数
5	单排链额定功率 工况系数小齿轮齿数 系数 链长系数 多排链系数链节	K_a K_z K_l K_p P	KW mm	由 $P_0 = K_A P/K_Z K_1 K_P = 2.55\ \mathrm{kW}$ 取 $K_A=1, K_Z=1.23$ 根据 $P_0=2.55$， $n_1=5.909\ \mathrm{r/min}$ 查出链号为 24 A， 节距 $P=38.1$	2.55 38.1
6	中心距	a	mm	$a \approx a_0 + \frac{L_p - L_{p0}}{2}p$ （中心距可调）有 $a\approx610$	610
7	验算链速	v	m/s	由 $v = \frac{z_1 p n_1}{60 \times 1\ 000}$ 有 $v=1.14\ \mathrm{m/s}$	1.14 与假设相符 故取 $z_1=12$ 合适
8	选择润滑方式			根据 $p=38.1\ v=1.14\ \mathrm{m/s}$	选择滴油润滑
9	工作拉力	F	N	$F = \frac{1\ 000P}{v} = 2\ 236.8$	2 236.8
10	作用在轴上的拉力	F_Q	N	有 $F_Q\approx(1.2-1.3)F$ 有 $F_Q\approx1.2\times2\ 236.8$ $=2\ 684.2\ \mathrm{N}$	2 684.2
11	链条标记			计算结果采用节距为 38.1 mm，A 系列，单排 610 节滚子链标记为：24A－1×610 GB 1 243.1—1983	24A－1×610 GB 1243.1—1983

（4）输送带的设计

由于实际需要，输送带带动秧盘入料及出盘的线速度应与主动辊转速相同，由此来进行输送带的设计。输送带只用于输送混料及输送成品秧盘所受载荷较小，查找机械设计手册选择普通平带已满足需要。

(5)确定带轮的基准直径

带轮所需直径 $D=90$ mm，A 型带 $d=100$ mm，选取输送带用于水平传输秧盘，两轮大小相同，带轮基准直径：$D=90$ mm。

查手册选取带轮基准直径标准值仍为 $D=90$ mm。

①验算带速

$$v=\frac{\pi Dn}{60\times 1\,000}=0.031\ \text{m/s}$$

式中：n——电机转速，r/min；

D——带轮基准直径，mm；

$v<v_{\max}$，符合要求。

②确定中心距 a 和 V 带基准长度 L_d

根据：

$$0.7(d_{d1}+d_{d2})\leqslant a_0\leqslant 2(d_{d1}+d_{d2})$$

初步确定中心距，选取中心距 $a_0=1\,500$ mm。

初算带的基准长度 L'_d：

$$L'_d\approx 2a_0+\frac{\pi}{2}(d_{d1}+d_{d2})+\frac{(d_{d2}-d_{d1})^2}{4a_0}$$

式中：d_{d1}——带的标准基准长度，mm；

d_{d2}——带的初算基准长度，mm；

a_0——初选中心距，mm；

$$L'_d=2\times 420+\frac{\pi}{2}\times(80+160)+\frac{(160-80)^2}{4\times 420}=1\,219.8(\text{mm})$$

查机械设计手册，由普通带基准长度 L_d 及长度系数 K_L 确定带的基准长度$L=4\,000$ mm。

③验算包角

两带轮大小相同水平传动，故包角＝180°＞120°，故满足要求。

④确定初拉力 F

$$F_0 = 500\frac{P_d}{vz}\left(\frac{2.5 - K_\alpha}{K_\alpha}\right) + mv^2$$

式中：P_d——计算功率，kW；

v——带的速度，m/s；

z——带的根数（根据模型选一根），根；

K_α——包角修正系数；

m——普通 V 带每米长度质量，kg/m。

查机械设计手册得：$m = 0.1$ kg/m，$K_\alpha = 0.94$。

$$\begin{aligned} F_0 &= 500\frac{P_d}{vz}\left(\frac{2.5 - K_\alpha}{K_\alpha}\right) + mv^2 \\ &= 500 \times \frac{2.64}{5.43} \times \left(\frac{2.5 - 0.94}{0.94}\right) + 5.43^2 \times 0.1 \\ &= 306.35(\mathrm{N}) \end{aligned}$$

计算作用在轴上的压力

$$Q = 2F_0 z \sin\frac{\alpha_1}{2}$$

式中：F_0——初拉力，N；

z——带的根数，根；

α_1——小轮包角，(°)；

$$Q = 2Fz\sin\frac{\alpha_1}{2} = 2 \times 306.35 \times \sin\left(\frac{169.08}{2}\right) = 609.9(\mathrm{N})$$

⑤带轮的结构设计

带轮材料选择：本设计中转速要求不高，材料选用 HT200；

带轮结构形式：本方案中带轮为中小尺寸，选用腹板轮。

查机械设计手册得 $h = 90$ mm，$\Delta e = 2.75$，$e = 15 \pm 0.3$，$f = 10^{+2}_{-1}$，$b_e = 11$，$\phi = 34° \pm 30'$。

10.2.5.3　辊型模具组合

辊型模具组合主要由容料辊、成型辊和退盘机构等组成。

利用碾压成型原理来实现，成型模具做圆周运动。成型辊组合总体结构模型如图 10-20 所示。

图 10-20　成型辊组合总体结构模型

(1)容料辊

主要由 2 个圆形钢板、2 个轴承盖、轴承、1 个钢圈、螺栓、螺母和传动轴连接而成，圆形钢板和钢圈直径不同(同圆心)，装配时形成一个型腔。根据要求，型腔宽度 $\delta=277$ mm，深度 $\varepsilon=23$ mm，其主要用来容纳混料和纵向传动孔(钢圈有凸状销)形成。

(2)成型辊

成型辊是由扇形成型钵体、脱模件、圆形钢板、轴承盖、轴承、螺栓、螺母和传动轴连接而成。总体结构如图 10-21 所示。

扇形成型钵体及装配如图 10-22 所示。扇形成型钵体由线切割加工而成，每个扇形成型钵体由 15 个成型钵体组成，扇形夹角 $\alpha=20°$，边长 $l=28$ cm，每个成型钵体套装 1 个塑料钵体，装配后的塑料钵体周围相邻间距 $\beta=1.2$ mm，其用螺栓和螺母连接，每 18 个扇形成型体组成一个成型单元(图 10-23)。

脱模件由四氟乙烯和钢板镶和而成，与扇形成型钵体装配如图10-24所示。在碾压成型过程中，由于混料和成型钵钵间有一定黏合作用，秧盘不易脱离扇形成形钵体。在不工作时与扇形成型钵体上表面水平，工作时脱模件与容料辊两侧圆形钢板接触时，在挤压作用下，向成型钵里侧移动，与扇形成型钵体形成一个成型腔，在远离容料辊时，在脱模复位机构(图10-25)作用下复位，从而使成型的秧盘与扇形成型钵体脱离。

脱模件复位机构安装座安装在成型辊两侧机架上，固定轴位于成型辊脱模件里侧(成型辊与容料辊接触点下侧)，脱模件复位机构不随成型辊做圆周运动，在固定轴推动下，脱模件复位。

(3)混料输送装置

实践证明，秧盘成型质量与混料厚度(送入容料辊前)紧密相关。

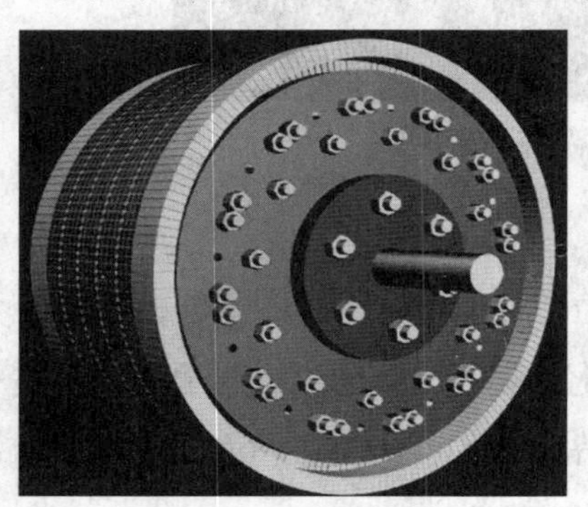

图 10-21　成型辊

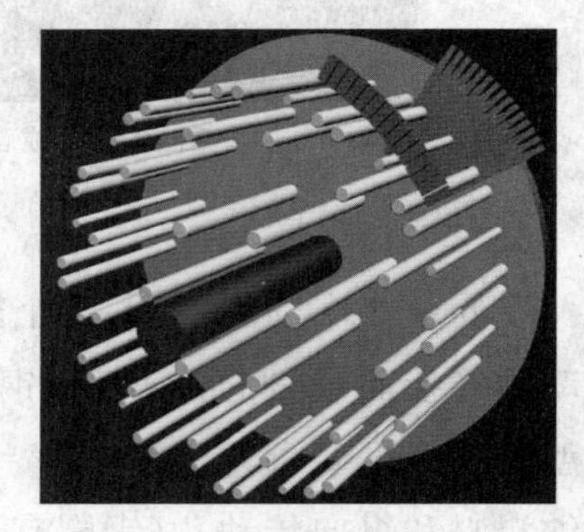

图 10-22　扇形成型钵体及装配

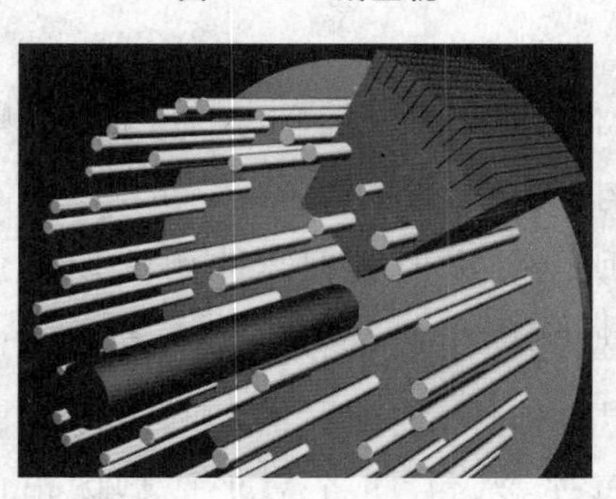

图 10-23　成型单元

图 10-24　脱模件安装

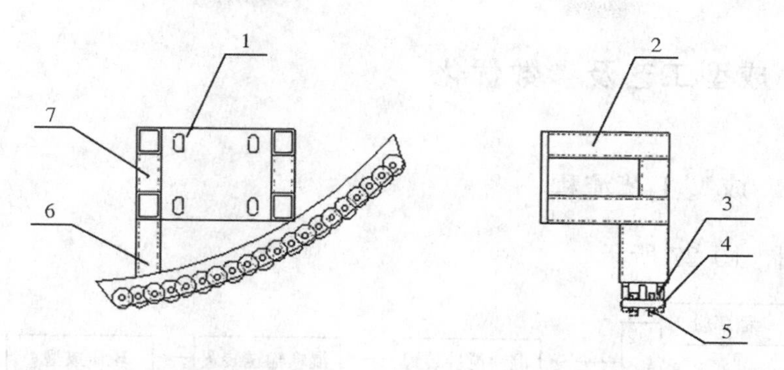

1. 安装座　2. 方管　3. 轴承固定板　4. 固定轴　5. 轴承　6. 立柱　7. 支撑柱

图 10-25　脱模件复位结构

为使混料铺放均匀，设计混料输送装置，其主要由独立电机、输送带、料槽和滚动扒手等组成。滚动扒手由独立电机带动，将料槽内混料铺放均匀，高度可以随意调节，从而可控制混料在料槽里厚度。根据要求，料槽宽度 $q=277$ mm。

(4) 秧盘接盘输送装置

秧盘成型脱离辊压机后，需要有接盘输送装置来运输加工好的秧盘，以便可以进行连续加工生产，便于工人捡拾操作。

经过上述研究，最终辊压成型装置实际生产中的设备如图 10-26 所示。

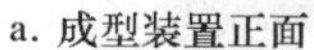
a. 成型装置正面

b. 成型装置背面

图 10-26　辊压成型装置

10.3 成型工艺及参数优化

10.3.1 成型工艺流程

如图 10-27 所示。

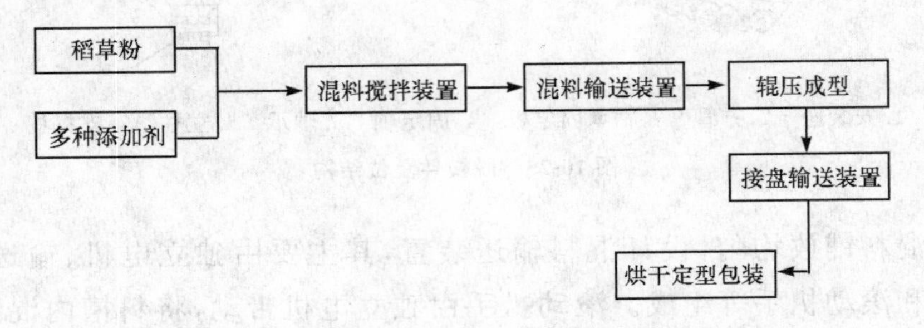

图 10-27 成型工艺流程

10.3.2 影响因素和考核指标

(1)影响因素

大量试验表明,成型辊转速、稻草含量、混料厚度和脱模件位置均影响带钵移栽水稻秧盘的性能。成型辊转速是指成型辊旋转线速度,m/min;含草量是指混料中稻草与添加剂的比例,%;混料厚度是指混料在料槽输送带中铺放均匀后的厚度,cm;脱模件位置是指脱模件距离成型钵最低点位移,mm。

(2)考核指标

钵孔率:植质钵盘成型过程中,钵孔成型受各种因素影响,单个钵孔深度不能完全达到理论设计尺寸(20 mm),因此,合格钵孔定义为实际钵孔深度为理论设计钵孔深度 1/2 以上的钵孔,以此来统计合格钵孔数,故钵孔率可由下式计算:

$$K=\frac{K_1}{126}\times 100\%$$

式中:K——钵孔率,%;

K_1——实际钵孔深度为理论钵孔深度 1/2 以上的钵孔数，个。

126——单个植质钵盘钵孔总穴数。

抗膨胀系数：表征秧盘自身抵抗宽度尺寸变化能力。在秧盘成型后直接用直尺测量宽度，计算出宽度变化量。抗膨胀系数由下式计算：

$$\begin{cases} P=1-\dfrac{\Delta P}{277}\times 100\% \\ \Delta P=P_1-277 \end{cases}$$

式中：P——抗膨胀系数，%；

ΔP——秧盘宽度变化量，mm；

P_1——压制后秧盘宽度，mm；

277——秧盘宽度设计尺寸，mm。

10.3.3　结果与分析

10.3.3.1　成型辊旋转线速度对成型性能影响

结合前期试验，在稻草含量 70%、混料厚度 40 mm 和脱模件位置 3.5 mm 条件下，研究成型辊旋转线速度对成型性能影响，试验结果如图 10-28 所示。

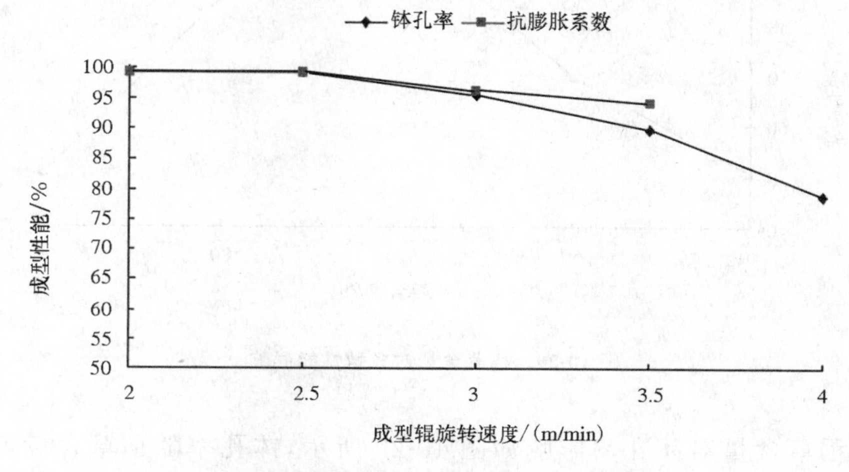

图 10-28　成型辊旋转线速度对成型性能影响

成型辊旋转线速度对钵孔率影响如图 10-28 所示，钵孔率随成型辊旋转线速度增大而降低。当成型辊旋转线速度较小时，在相同时间内容料辊型腔中混料增多，有利于秧盘立边成型；随着成型辊旋转线速度升高，一部分秧盘立边成型时间短，不能完全成型，在成型钵体的牵拉下，秧盘此部分钵孔立边受到损坏，钵孔率降低，因此为保证秧盘完全成型，应对成型辊旋转线速度进行约束。

成型辊旋转线速度对抗膨胀系数影响如图 10-28 所示，抗膨胀系数随成型辊旋转线速度增大而减小。随成型辊旋转线速度增大，秧盘成型不完全，密度减小，内部稻草相互牵引作用减弱，使秧盘成型后，宽度尺寸膨胀能力增强，从而使抗膨胀系数减小。

10.3.3.2 稻草含量对成型性能影响

结合前期研究结果，在成型辊旋转线速度 3.0 m/min、混料厚度 40 mm 和脱模件位置 3.5 mm 条件下，研究稻草含量对成型性能影响，试验结果如图 10-29 所示。

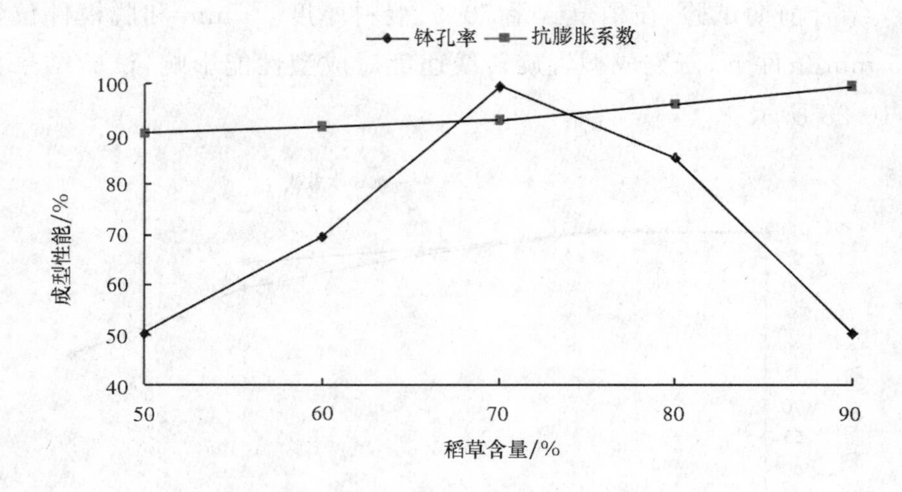

图 10-29 稻草含量对成型性能影响

稻草含量对钵孔率影响如图 10-29 所示，钵孔率随稻草含量增加先升高后降低。在稻草含量 70%时，钵孔率达最大值，随之减小。经试验验证，一定稻草量有利于秧盘立边形成，但稻草量过多，使添加剂与稻草粘结作用减弱，使钵孔率降低。

稻草含量对抗膨胀系数影响如图 10-29 所示，抗膨胀系数随稻草含量升高而升高。在秧盘内部稻草间的相互牵拉作用对于抵御宽度膨胀具有促进作用，因此，随着稻草含量增加，抗膨胀系数升高。

10.3.3.3　混料厚度对植质钵盘成型性能影响

结合前期试验结果，在成型辊旋转线速度 3.0 m/min、稻草含量 70%和脱模件位置 3.5 mm 条件下，研究混料对成型性能影响，试验结果如图 10-30 所示。

混料厚度对钵孔率影响如图 10-30 所示，钵孔率随混料厚度增加而升高。混料厚度增加，使单位时间内容料辊型腔中混料增多，一方面能使秧盘立边完全成型；一方面使秧盘密度增大，抵御成型钵体牵拉作用增强，不易对秧盘立边造成损坏，从而使钵孔率升高。

混料厚度对抗膨胀系数影响如图 10-30 所示，抗膨胀系数随混料厚度增加而升高。混料厚度增加，一方面使秧盘内的稻草量增加，一方面使秧盘密度增大，试验表明，稻草量增加和密度增大使秧盘内部抵御宽度膨胀能力极大地增强，从而使抗膨胀系数升高。

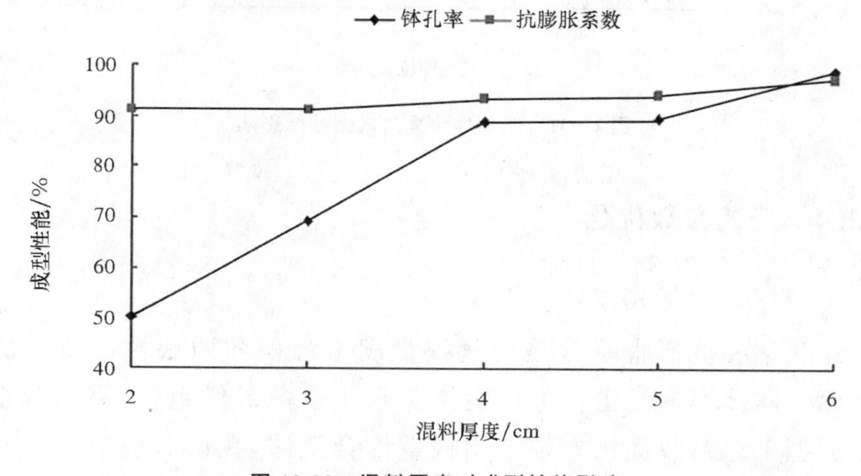

图 10-30　混料厚度对成型性能影响

10.3.3.4 退盘条位置对植质钵盘性能影响

结合前期试验结果，在成型辊旋转线速度 3.0 m/min、稻草含量 70%和混料厚度 40 mm 条件下，研究脱模件位置对成型性能影响，试验结果如图 10-31 所示。

脱模件位置对钵孔率影响如图 10-31 所示，钵孔率随脱模件位置升高而降低。脱模件位置升高使成型单位中成型钵体有效高度降低，使成型后的秧盘立边深度与理论深度距离增大，从而使钵孔率降低。

脱模件位置对抗膨胀系数影响如图 10-31 所示，抗膨胀系数随脱模件位置升高而升高。脱模件位置升高使秧盘有效深度降低，使秧盘密度增大，抵御宽度膨胀能力增强，从而使抗膨胀系数升高。

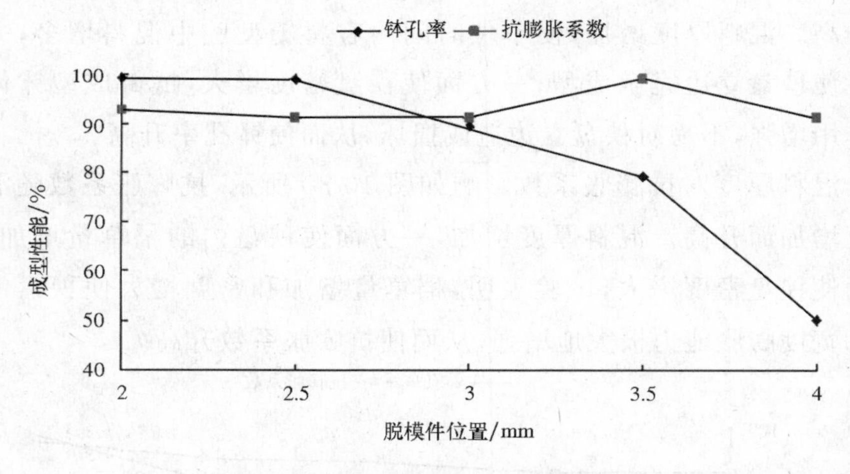

图 10-31 脱模件位置对成型性能影响

10.3.4 工艺参数优化

10.3.4.1 优化方法

钵孔率和抗膨胀系数是衡量秧盘满足育秧和插秧性能要求的重要指标。钵孔率最优组合不一定是抗膨胀系数最优组合，需综合考虑秧盘成型工艺参数优化方法采用权重综合值法，在试验前需要确定钵孔率和抗膨胀系数在后续作业中权重，权重按照专家评定法确定，如

表10-11所示。在工艺综合值分析中，钵孔率权重占70%，抗膨胀系数权重占30%，其中，综合值=(钵孔率/钵孔率组中最大值)×70%+(抗膨胀系数/抗膨胀系数组中最大值)×30%。

表10-11　指标权重专家评定结果

指标	专家E评定值	专家F评定值	专家G评定值	平均值
钵孔率	71	69	70	70
抗膨胀系数	20	30	40	30

10.3.4.2　试验设计

试验采用$L_9(3^4)$正交表，重复3次，因素及水平如表10-12所示，试验结果如表10-13所示。

表10-12　正交试验因素及水平

水平	试验因素			
	A 成型辊旋转线速度 /(m/min)	B 稻草含量 /%	C 混料厚度 /mm	D 脱模件位置 /mm
1	3.5	70	60	4.0
2	3.0	65	50	3.5
3	2.5	60	40	3.0

10.3.4.3　工艺参数优化

正交试验结果如表10-13所示，试验结果方差和极差分析如表10-14和表10-15所示。

以钵孔率为指标，通过方差分析(表10-14)可知，在水平$\alpha=0.05$，各因素对钵孔率影响均极显著，对钵孔率影响程度从大到小依次是成型辊旋转线速度、脱模件位移、稻草量和混料厚度。对正交试验结果进行极差分析(表10-15)可确定优化组合方案为$A_2B_1C_1D_2$。以抗膨胀系数为指标，通过方差分析(表10-14)可知，在水平$\alpha=0.05$，混料厚度对抗膨胀系数影响极显著，成型辊旋转线速度和脱模件位移对抗膨胀系数影响显著，稻草含量对抗膨胀系数影响不显著。对正交试验结果进行极差分析(表10-15)确定优化组合方案为$A_2B_1C_2D_1$。

结合综合值最终确定优化方案组合为$A_3B_2C_2D_1$,试验结果得到性能指标:钵孔率为99.4%,抗膨胀系数为99.0%,能够满足后续作业需要。

表10-13 正交试验结果

编号	A	B	C	D	钵孔率/%	抗膨胀系数/%	综合值
1	3.5	70	60	4.0	85.26	94.03	0.89
2	3.5	65	50	3.5	69.27	93.09	0.77
3	3.5	60	40	3.0	49.34	96.06	0.64
4	3.0	70	40	3.0	89.29	99.05	0.93
5	3.0	65	50	3.5	79.36	99.01	0.86
6	3.0	60	60	4.0	99.41	92.05	0.98
7	2.5	70	40	3.5	99.4	99	0.99
8	2.5	65	60	3.0	79.1	91.06	0.83
9	2.5	60	50	4.0	59.36	95.08	0.71

表10-14 方差分析

来源	钵孔率					抗膨胀系数				
	平方和	自由度	方差	*F*值	显著性	平方和	自由度	方差	*F*值	显著性
A	2 062.572	2	1 031.286	4 356.319	* *	25.522	2	12.761	0.023	*
B	1 284.109	2	642.055	2 712.143	* *	15.368	2	7.684	0.085	
C	1 159.401	2	579.701	2 448.750	* *	145.051	2	72.526	0	* *
D	1 557.610	2	778.805	3 289.798	* *	30.512	2	15.256	0.013	*
误差	4.261	18	0.237			48.845	18	2.714		
总计	174 951.89					245 914.228				

表 10-15　极差分析

		钵孔率				抗膨胀系数			
		A	B	C	D	A	B	C	D
总和	K_1	203.87	273.95	263.77	223.98	283.18	292.08	277.14	288.12
	K_2	268.06	227.73	207.99	268.08	290.11	283.16	287.18	284.14
	K_3	237.86	208.11	217.73	217.73	285.14	283.19	286.17	286.17
均值	k_1	67.96	91.32	87.92	74.66	94.39	97.36	92.38	96.04
	k_2	89.35	75.91	69.33	89.36	96.70	94.39	95.73	94.71
	k_3	79.29	69.37	72.58	72.58	95.05	94.40	95.39	95.39
极大值		89.35	91.32	87.92	89.36	96.70	97.36	95.73	96.04
极小值		67.96	69.37	69.33	72.58	94.39	94.39	92.38	94.71
R		21.39	21.95	18.59	16.78	2.31	2.97	3.35	1.33

10.3.5　试验验证

为验证所选优化方案组合的正确性，按选取的最佳工艺参数组合进行验证试验。试验结果为：钵孔率为(99.4±0.14)%，抗膨胀系数为(99.0±0.01)%，能够满足后续要求。实际加工成品如图 10-32 所示。

图 10-32　实际加工成品

10.4　本章小结

在前期研究的基础上，进行制备成型工艺改进，重新设计秧盘结构和成型模具等，研制了带钵移栽水稻秧盘的连续式冷模工艺成型系统，对搅拌装置和成型装置进行性能试验及优化了成型工艺参数。结果表明，搅拌合格率达到 97.28%和钵孔率达到 99.34%，完全能够满足成型和后续作业要求。

本章研究的冷模工艺与上一章热模工艺相比较，二者的不同之处：①热模工艺作业时成型模具是上下移动，间歇性工作；冷模工艺作业时成型模具做圆周运动，连续性工作。②热模工艺需要一定的热能来帮助混料固化成型；冷压工艺不需要热量直接成型。③热模工艺成型脱模后直接打捆待用，脱模需要脱模剂的辅助；冷模工艺成型脱模后需要烘干定型，再打捆待用，脱模不需要脱模剂的辅助。

混料中存在有大量的细菌，为了避免育秧期细菌对秧苗的侵害，需要对成型后的秧盘进行高温灭菌处理；同时为了提高秸秆纤维与填充物料之间的交联固化程度，提高秧盘强度，也需要对它进行高温处理。通过理论与试验研究，设计以太阳能与生物质能为热源的高温蒸汽室（图 10-33），热效率可达 85%以上，生产率为 4 万片/天，配合秧盘产业化生产。

a. 高温蒸汽室

b. 太阳能设备

图 10-33 高温灭菌定型设备

两种成型工艺的主要技术参数对比见表 10-16。

从表 10-16 中可以得知，冷模工艺成型技术与热模工艺成型技术相比较，设备投入提高 44.4 万元；虽然设备投入增加，但是从生产效率角度出发，却大大提高了 24 倍；人工投入也有减少，人工费的减少会间接减少秧盘的生产成本。

表 10-16　成型技术主要参数对比

项目	成型技术	
	热模工艺	冷模工艺
外形尺寸(长×宽×高)/mm	667×450×380	4 720×475×2 032
重量/kg	587	1 248
人工投入/(人/班)	13	9
生产效率/(盘/h)	12	300
设备投入/万元	12.3	56.7

在总结冷模工艺成型技术优势的同时,在试验示范推广过程中,也显露出一些问题:①冷模秧盘成型效果突出,但是在烘干过程中,易发生变形现象,打捆包装时易发生断裂,破损率较高。② 稻草粉和添加剂由于材质密度大等特性,秧盘单体重量较大,在育秧结束移栽前起秧时,秧盘本身外加育秧土和秧苗等组成致使整体重量过大,增加了运输秧苗时的搬运难度和栽植时上秧的工作强度。这些因素影响到秧盘的推广,对带钵移栽水稻秧盘的研究提出了新的挑战。

第11章　带钵移栽水稻秧盘模塑工艺研究

受蛋托等模塑工艺制品的启发，总结以往秧盘制备的研究经验，深入探讨模塑工艺的可行性，本章开始展开带钵移栽水稻秧盘模塑工艺研究。以气吸式真空成型技术为基础，进行成型模具及成型系统的设计，针对秧盘设计运用 ANSYS 软件进行三因素五水平的流体力学仿真试验，确定成型模具最佳结构参数，最后利用 UG 软件进行建模仿真，验证秧盘成型机的设计是否合理。

11.1　气吸式真空成型的工作过程

气吸式真空成型是模塑工艺的一种形式，它的工作过程前面章节已经介绍，是将成型模具投入到纸浆池中，使模具内腔产生负压，纸浆内的纤维均匀地吸附在成型模具上，大量的浆水通过过滤网被真空吸走回收，当吸附到模具上的纤维厚度达到制品厚度要求时，成型模具从纸浆池中抽离，模具合模挤压脱水，最后再经压缩空气的喷出将湿体气动脱模，后期再干燥定型。工作过程如图 11-1 所示。

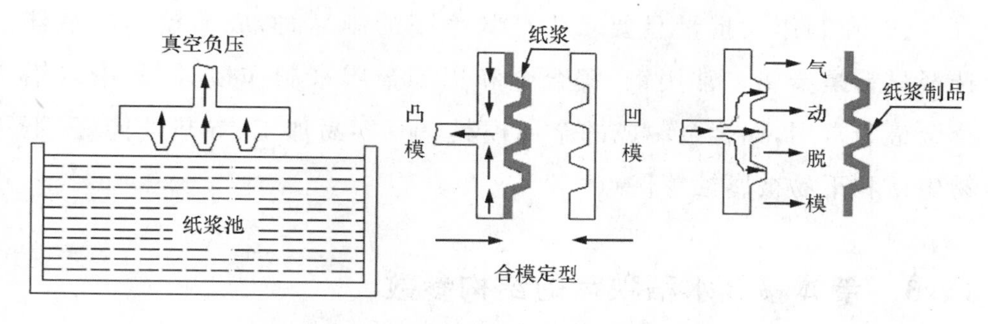

图 11-1　气吸式真空成型机工作过程

11.2　成型模具材料

气吸式真空成型与其他成型方法相比，其主要特点是成型压力极低，所以模具材料选择的余地较大，既可以选用金属材料，又可选用非金属材料，材料的选择主要取决于制品的形状和生产批量。

(1)非金属材料主要用来制备小批量生产的模具，可选用石膏或木材作为模具材料。使用石膏制作气吸成型模具，其优点是制模简单、成本低。为了提高石膏模具的强度，防止碎裂，可在石膏中混入10%～30%的水泥，石膏模具仅用于小批量塑件的生产及试制。使用木材制备成型模具具有易加工和易于修改的优点，但在使用过程中往往容易发生断裂的情况，这样会直接导致制品质量欠佳，所以一般在使用木材制作模具时，对木材的要求也很高，而且生产批量不宜过大。为了改善木质模具的耐热性，可在其工作表面涂上环氧树脂。用环氧树脂、酚醛树脂制作的塑料真空成型模具，有加工容易、生产周期短、修整方便和复制容易等特点，而且强度高，相对于木材、石膏等材料制成的气吸成型模具，这种模具更适合批量较大的真空成型制品的生产。综上所述，非金属材料具有导热性能差和生产效率低等缺点，所以不适合进行大批量生产。

(2)在制作大批量且要求生产效率高的制品时,成型模具的最佳选择材料是金属。常用铜、锌合金和铝等金属来制作模具,其中以铝合金最为常用,铝合金制成的金属模具具有容易加工、导热性能好、不易生锈和不易被腐蚀等优点。

11.3 带钵移栽水稻秧盘的结构参数

依据第 6 章中 6.1 节的带钵移栽水稻秧结构设计方法,进行本土秧盘结构设计,得出以下秧盘结构参数如表 11-1 和图 11-2 所示。

表 11-1 秧盘关键尺寸参数

长/mm	宽/mm	高/mm	重量/kg	立边厚度/mm	钵孔数目/穴	钵孔深度/mm	钵孔上端面尺寸/(mm×mm)	钵孔下端面尺寸/(mm×mm)
595	275	15	0.186	2	612	13	14.8×12.3	9.80×9.05

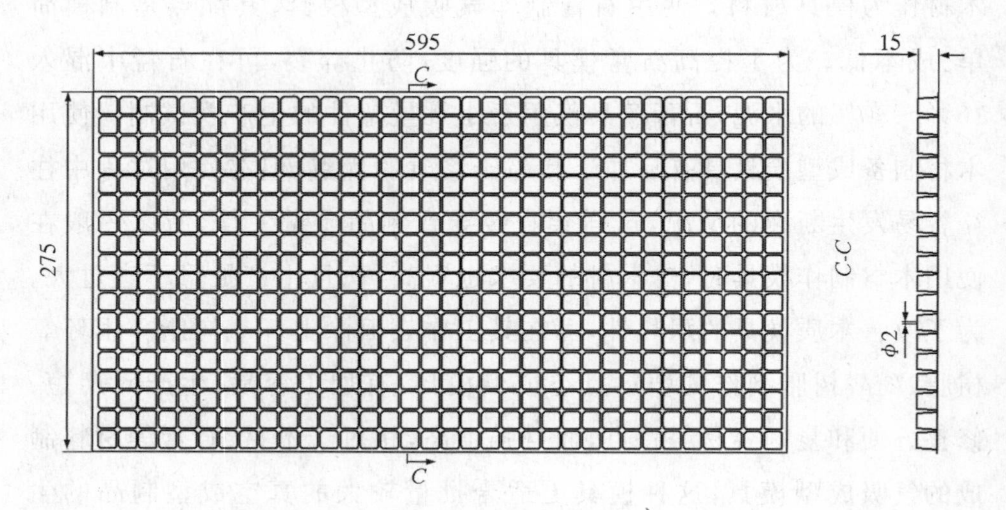

图 11-2 秧盘结构尺寸

11.4　成型机总体设计

11.4.1　设计要求

(1)生产线要求:生产效率≥200 万片/年,秧盘生产合格率≥98%。在满足每年工作 340 天,每天工作 8 h 时长的基础上,确定成型机正常工作状态下的秧盘生产效率为 4.5 s/片(滚筒在槽轮的控制下,每次工作转动时间为 3.4 s,静止时间为 5.6 s)。

(2)秧盘厚度均匀,无毛边。

(3)整机运转流畅、平稳、结构紧凑,且各部件满足强度、刚度要求。

(4)成型机内各模具成型条件统一,以保证秧盘的整体质量。

11.4.2　整机结构设计

成型机结构主要包括成型系统、动力传动系统、配气系统和纸浆池。

成型系统包括成型模具(包括凸形、凹形模具)、吸模滚筒和取模机构。凸形模具设置在滚筒上面的模具支撑架上,凹形模具设置在平台上的取模机构上。在每个模具后面都有空腔与配气系统相连接,上面均分布有通气孔。吸模滚筒中间是可以转动的中心轴,在中心轴的两端安装一个正八边形转盘,八边形转盘的每个边都有模具支撑架,每一个模具支撑架上面都安装两个凸形模具,模具与模具支撑架之间通过压条固定,滚筒通过两块支撑架固定。

动力传动系统包括三相异步电动机,电动机连接减速器,减速器上设置有光电传感器。安装于支撑板上的偏心齿轮连接槽轮机构,槽轮机构与滚筒主轴相连接,图 11-3 为整机结构示意图。

纸浆池位于吸模滚筒的正下方,并且设置有进料和溢流管道,对

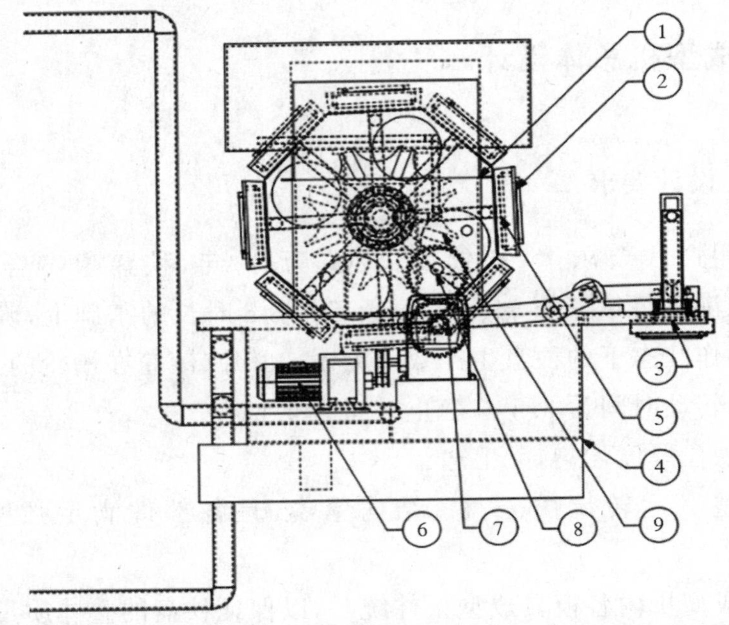

1.吸模滚筒 2.凸形模具 3.凹形模具 4.纸浆池 5.通气孔 6.电动机 7.减速器 8.偏心齿轮 9.槽轮机构

图 11-3 整机结构示意图

纸浆池的液面起调控作用,使纸浆池的液面在滚筒工作时保持固定的高度,保证滚筒上固定的模具能够恰好浸入纸浆池液面以下。

11.4.3 工作原理

动力传递:电动机输出的动力经过减速器之后,分成两条路线传送动力,一条路线是将动力经过偏心齿轮机构、槽轮机构,传递至吸模滚筒的中心轴,槽轮机构与吸模滚筒的中心轴连接,使中心轴实现间歇运动,保证吸浆和取盘两个动作有足够的时间。另一条路线是经过连杆机构将动力传输到取模机构,保证每当吸模滚筒到达指定位置时,取模机构能够到达与其对应的位置完成取盘过程。

气动控制:凸形模具在真空泵的作用下,气腔内始终保持负压,并通过通气孔传递至模板,以此真空负压产生的吸力,将浆液中的固体物质吸附在凸形模具表面，合模定型后，由取模机构将秧盘坯吸附到凹形模具上，再气动取下秧盘脱模放置到输送带上，完成整个秧盘成型过程。

11.5 成型系统的设计

11.5.1 设计方案

槽轮一个工作行程时间为 9 s，其中，转动时间为 3.4 s，静止时间为 5.6 s。

为了完成要求的生产率并结合实际情况考虑，选用高转速电动机，经过减速器减速并配合变频器后具有更好的性能来满足较低转速的要求，而且高转速电动机精度高，在运行过程中负载变化影响小。从另一方面考虑，相同功率下高转速电动机的造价低，尺寸小，不仅可以保证高转速性能而且通过减速可以增大扭矩。

由于齿轮传动具有效率高、结构紧凑、工作可靠和传动稳定等特点，所以选定齿轮作为传动装置。为了进行秧盘的吸浆和取盘环节，吸模滚筒需要做间歇运动，常见的间歇机构有棘轮机构、槽轮机构、凸轮式间歇运动机构和不完全齿轮机构，设计选取槽轮机构的原因是它具有结构简单、易加工、效率高和运动平稳等特点。

11.5.2 工作原理

由三相异步电动机提供动力，通过 V 带减速后经过减速器，传送到两条线路，一条是通过偏心齿轮，槽轮机构传递至滚筒的中心轴，从而实现滚筒的间歇运动，保证模具有足够的吸浆时间；另一条是通过连杆机构将动力传递至取模机构，使吸模滚筒与取模机构配合完成取盘和脱模两个动作(图 11-4)。

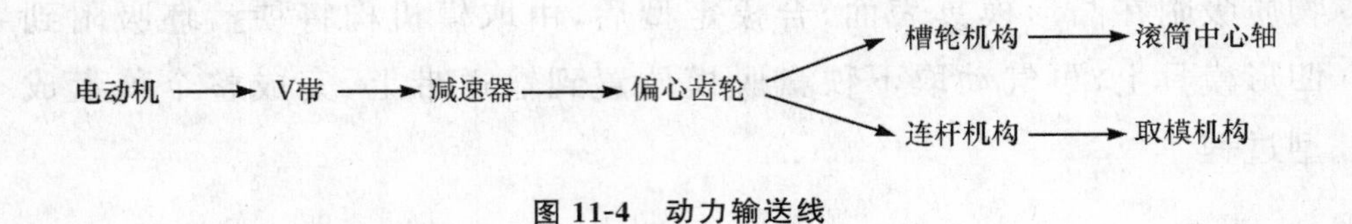

图 11-4 动力输送线

11.5.3 成型模具的设计

成型模具的设计直接关系着秧盘的性能质量和生产效率，是制备带钵移栽水稻秧盘的关键。

凸形模具结构如图 11-5 所示，模具在真空泵的作用下，气腔内始终保持负压，并通过通气孔传递至模板，以此真空负压产生的吸力，将浆液中的固体物质吸附在模板表面，凹形模具与凸形模具外观正好相反，合模定型为秧盘形状。

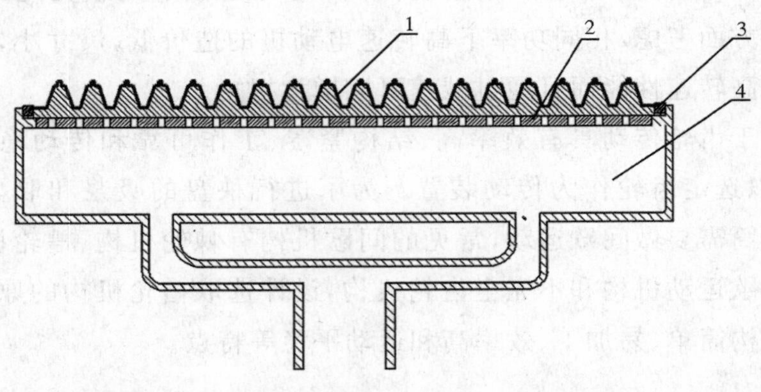

1.模板 2.通气孔 3.压条 4.气腔

图 11-5 成型模具凸模结构

在模具的设计过程中，以模具腔体的厚度，通气板上通气孔的直径和间距为影响因素，在 ANSYS 中进行三因素五水平的流体力学仿真试验，试验方案如表 11-2 所示，以模具中气流的均匀性为评价指标，建立相应数学模型，确定模具最佳结构参数。

表 11-2　模具设计试验因素水平编码表

mm

水平数	腔体厚度	通气孔直径	通气孔间距
1	90	4	10
2	120	6	15
3	150	8	20
4	180	10	25
5	210	12	30

(1)气流均匀性的评价

利用 ANSYS 软件,对模具腔内的气流情况进行流体力学分析,得到通孔瞬时风速的平均值,用其代表当时的截面风速,并用差变系数反应截面瞬时风速相对于平均值的离散程度,边差系数以标准差与均值之比表示:

$$C_V = \frac{\sqrt{\sum_{i=1}^{N} \frac{(v_i - \bar{v})^2}{n-1}}}{\bar{v}}$$

式中:C_V——变差系数;

v_i——气流流速实测值;

$\bar{v}$——截面平均流速;

n——样本数。

(2)气流稳定性的评价

气流的稳定性常用稳定性系数表示其定义为在规定的时间间隔内瞬时动压的最大值和最小值的差值与两者之和的比值故有:

$$\eta_i = \frac{q_{\max} - q_{\min}}{q_{\max} + q_{\min}}$$

式中:η_i——某测点的气流稳定性系数;

$q_{\max}$——测点在规定时间内瞬时动压的最大值;

$q_{\min}$——测点在规定时间内瞬时动压的最小值。

由于
$$q=\frac{\rho V^2}{2}$$

所以
$$\eta_i=\frac{V_{\max}^2-V_{\min}^2}{V_{\max}^2+V_{\min}^2}$$

式中：ρ——试验时的空气密度，kg/m³；

V——风速，m/s。

11.5.4 模具材料的选择及热处理技术

成型模具在工作时需要承受一定的压力、温度、摩擦甚至有时会受到腐蚀，所以要求所选择的材料应该具有如下特点：

①经过热处理后，模具变形小。

②材料应该有耐热与抗腐蚀性能。

③具有足够的刚性和韧性，防止塑性变形。

④所选用的材料应该便于加工。

在对成型零件进行热处理时，应尽量避免材料的表面发生氧化现象，所以，在进行热处理时应注意在工艺上采取预热措施，控制预热温度在 4 000℃左右。

11.5.5 配气系统的选择

配气系统需要保证每个秧盘成型模具中的气压值均匀统一，当模具转动到取盘位置时，模具与空气压缩泵连通，消除气腔内的负压作用，以便取模机构取放秧盘坯。压力靠空气压缩泵和真空泵来调节，具体参数如表 11-3 和表 11-4 所示。

表 11-3 螺杆空气压缩泵性能参数

容积流量/(m³/min)	排气压力/MPa	转速(r/min)	额定功率/kW	输入比功率/[kW/(m³/min)]	外形尺寸/mm
1.65	0.8	2 940	11	8.9	650×720×1 180

表 11-4　SK-42 型水环真空泵性能参数

型号	抽气量/(m^3/min)		真空泵极限压力		泵转速/(r/min)	口径/mm	
	最大	吸入压力	mmHg	MPa		进	出
SK-42	42	37.8	−700	−0.093	740	150	150

11.5.6　传动机构的设计

(1)电动机的选择

根据秧盘生产率的要求及其他工作因素，选用电动机型号为 Y100L2-4，额定功率为 3 kW，额定转速为 1 400 r/min。

(2)系统传动比计算

根据选择的电动机型号与秧盘成型机的生产效率，系统机械传动总比为

$$i_{总} = \frac{n_{电机}}{n_{执行主轴}} = \frac{1\ 400}{2.2} = 635$$

根据设计的传动系统，三相异步电动机通过 V 带减速连接减速器，通过偏心齿轮将动力分别传递到槽轮机构和连杆机构来实现滚筒的间歇运动和取模机构的工作过程。机构之间传动存在效率问题。

查机械设计手册得：

带传动效率：$\eta_1 = 0.96$；

齿轮传动效率：$\eta_2 = 0.94$；

减速器效率：$\eta_3 = 0.96$；

连杆机构效率：$\eta_4 = 0.85$。

总传动效率为

$$\eta = \eta_1 \times \eta_2 \times \eta_3 \times \eta_4 = 0.73$$

(3)各机构输入功率

V 带的输入功率：

$$P_1 = P_d \times \eta_1 = 3 \times 0.96 = 2.88(\text{kW})$$

减速器输入功率：

$$P_2 = P_1 \times \eta_{12} = P_1 \times \eta_1 \times \eta_2 = 2.60\ \mathrm{kW}$$

偏心齿轮输入功率：

$$P_3 = P_2 \times \eta_{23} = P_2 \times \eta_2 \times \eta_3 = 2.35\ \mathrm{kW}$$

槽轮机构与连杆机构并联，并联时功率分配应满足

$$\eta = \frac{\sum P_{ri}}{\sum P_{di}} = \frac{P_1\eta_1 + P_2\eta_2 + \cdots + P_k\eta_k}{P_1 + P_2 + \cdots + P_k}$$

计算得槽轮机构输入功率为 $P_4 = 1.2\ \mathrm{kW}$，连杆机构输入功率为 $P_5 = 0.85\ \mathrm{kW}$。

(4)带轮机构的设计

①计算功率 P_{ca}

查机械设计手册得工况系数 $K_a = 1.0$，

$$P_{ca} = K_a \times P = 1.0 \times 3\ \mathrm{kW} = 3.0\ \mathrm{kW}$$

②选择 V 带类型

根据 $P_{ca} = 3.0\ \mathrm{kW}$ 和 $n_1 = 1\,440\ \mathrm{r/min}$ 查机械设计手册选用 A 型。

③计算带轮的基准直径 d_{d1} 和带速

查机械设计手册选择小带轮基准直径为 $d_{d1} = 75\ \mathrm{mm}$。

由下式计算带速 v

$$v = \frac{\pi d_{d_1} n_1}{60 \times 100} = \frac{\pi \times 75 \times 1\,440}{60 \times 1\,000}\ \mathrm{m/s} = 5.7\ \mathrm{m/s}$$

因为 $5\ \mathrm{m/s} < v < 30\ \mathrm{m/s}$，所以带速满足要求。

④计算大带轮基准直径

$$d_{d_2} = i d_{d_1} = 3.4 \times 75 = 255(\mathrm{mm})$$

⑤计算 V 带的中心距 a 和基准长度 L_d

初选带传动的中心距，根据公式

$$0.7(d_{d_1} + d_{d_2}) \leqslant a_0 \leqslant 2(d_{d_1} + d_{d_2})$$

初选中心距 $a_0 = 240\ \mathrm{mm}$。

计算带轮所需的基准长度,根据公式

$$L_{d_0} \approx 2a_0 + \frac{\pi}{2}(d_{d_1} + d_{d_2}) + \frac{(d_{d_2} - d_{d_1})^2}{4a_0}$$

$$= [2\times 240 + \frac{\pi}{2}\times(75+255) + \frac{(255-75)^2}{4\times 240}]$$

$$\approx 1\ 032(\text{mm})$$

查机械设计手册取标准值基准长度 $L_d = 1\ 100$ mm。

计算实际中心距 a

$$a \approx a_0 + \frac{L_d - L_{d_0}}{2}$$

$$= (240 + \frac{1\ 100 - 1\ 032}{2})\ \text{mm}$$

$$\approx 274\ \text{mm}$$

由公式

$$a_{\min} = a - 0.015L_d$$

$$a_{\max} = a + 0.03L_d$$

得中心距 a 的变化范围为 258～307 mm。

小带轮的包角

$$\alpha_1 \approx 180^\circ - (d_{d_2} - d_{d_1})\frac{57.3^\circ}{a}$$

$$= 180^\circ - (255 - 75)\frac{57.3^\circ}{a}$$

$$\approx 142^\circ > 120^\circ$$

V 带根数:

计算出单个 V 带的额定功率 P_r,V 带根数 z

根据 $d_{d_1} = 75$ mm 和 $n_1 = 1\ 440$ r/min,查机械设计手册得 $P_0 = 0.65$ kW

由 $n_1 = 1\ 440$ r/min

传动比 $i = \frac{1\ 440}{650} = 2.22$

V带类型为A型带，查机械设计手册得 $\Delta P_0=0.17$ kW

查机械设计手册得 $K_\alpha=0.99$，$K_L=0.93$

于是

$$P_r=(P_0+\Delta P_0)\times K_\alpha\times K_L$$

$$z=\frac{P_{ca}}{P_r}$$

解得 $z=1.85$，所以取V带根数为2根。

选择A型V带2根，V带基准长度为1 100 mm，带轮的基准直径为 $d_{d_1}=75$ mm，$d_{d_2}=255$ mm，中心距范围 $a=258\sim307$ mm。

(5)槽轮机构的设计

槽轮槽数 $z=8$，拨盘上圆销数目 $m=1$，中心距 $C=530$ mm，拨盘上圆销半径 $R_T=22$ mm，销与槽底间隙 $\delta=3$ mm，槽齿宽 $b=30$ mm，槽轮每循环运动时间 $t_f=3.4$ s，槽轮每循环停歇时间 $t_d=5.6$ s。槽轮建模如图11-6所示。

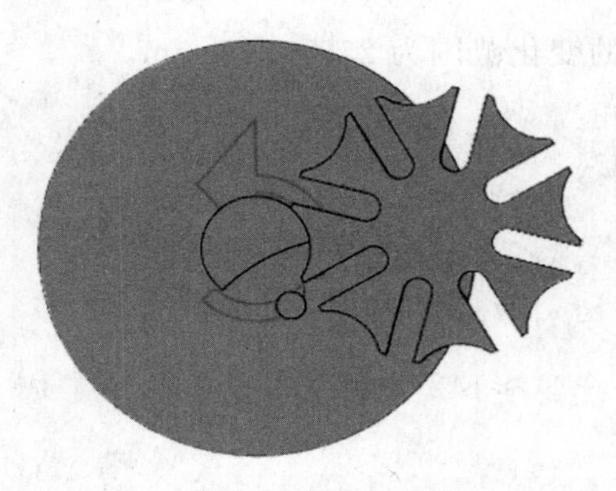

图 11-6 槽轮建模

槽轮运动角：

$$\beta=\frac{2\pi}{z}=\frac{\pi}{4}$$

拨盘运动角：

$$\alpha = \pi - 2\beta = \frac{\pi}{2}$$

拨盘上圆销数量：$m=1$。

圆销中心轨迹半径：

$$R_1 = C \times \sin\beta = 530 \times \sin\frac{\pi}{4} = 374\ \text{mm}$$

槽轮外径：

$$R_2 = [(C \times \sin\beta)^2 + RT^2]^{\frac{1}{2}} = 380\ \text{mm}$$

槽轮深度：

$$h = R_1 + R_2 - C + R_T + \delta = 372 + 380 - 530 + 22 + 3 = 247\ \text{mm}$$

拨盘回转轴直径：

$$d_1 = 42 < 2(C - R_2)$$

$$d_1 = 37\ \text{mm} < 300\ \text{mm}$$

槽轮轴直径：

$$d_2 = 37 < 2(C - R_1 - R_T - \delta)$$

$$d_2 = 37\ \text{mm} < 262\ \text{mm}$$

拨盘上锁止弧所对中心角：

$$\gamma = 2\left(\frac{\pi}{m - \alpha}\right) = \pi$$

锁止弧半径：

$$R_0 = R_1 - b - R_T = 374 - 30 - 22 = 322\ (\text{mm})$$

槽轮机构的动停比：

$$k = \frac{m(z-2)}{[2z - m(z-2)]} = \frac{3}{5}$$

圆销中心轨迹半径 R_1 与中心距 C 的比：

$$\lambda = \frac{R_1}{C} = \sin\left(\frac{\pi}{z}\right) = \frac{3}{5}$$

(6)偏心齿轮机构的设计

①工作原理

这里采用传动比为1:1的偏心齿轮作为传动机构的主要目的是将齿轮所做的圆周运动变位连杆机构的直线运动来完成取模机构的取模动作。

②设计过程

选定 $m=8$ mm, $z=35$,则

$$r=\frac{mz}{2}=\frac{8\times 35}{2}\ \text{mm}=140\ \text{mm}$$

——偏心率和偏心距

偏心率:

$$\lambda=\frac{\sqrt{k}-1}{\sqrt{k}+1}\leqslant \lambda_{\max}=\frac{\sqrt{1.5}-1}{\sqrt{1.5}+1}=0.101$$

则偏心距:

$$e=\lambda\times r=0.101\times 140\ \text{mm}=14.14\ \text{mm}$$

——标准中心距和安装中心距

标准中心距:

$$a_0=mz=8\times 35\ \text{mm}=280\ \text{mm}$$

——安装中心距:

$$a=a_0\sqrt{1+\lambda_2}=280\sqrt{1+0.101^2}=282\ (\text{mm})$$

当几何中心距 $a_g=a_0$ 时的转角 θ'_1 和当 $a_g=a$ 时的转角 θ''_1

$$\theta'_1=\arcsin\left(\frac{2e}{a}\right)+\frac{\pi}{2}=\arcsin(0.10)+\frac{\pi}{2}=95.667^\circ$$

$$\theta''_2=0^\circ\text{或}\ 180^\circ$$

——瞬时传动比 i_{12} 的最大值和最小值

$$i_{12\max}=\frac{a+2e}{a-2e}=1.22$$

$$i_{12\min}=\frac{a-2e}{a+2e}=0.82$$

——变速范围的精确值

$$k=\left(\frac{a+2e}{a-2e}\right)^2=(1.22)^2=1.49$$

——几何中心距 $a_g(\theta_1)$ 和瞬时传动比 $i_{12}(\theta_1)$ 的计算

$$a_g=a\cos\gamma=282\cos\gamma$$

$$\gamma=\arctan\left(\frac{2e\sin\theta_1}{\alpha+2e\cos\theta_1}\right)=\arctan\left(\frac{28.28\sin\theta_1}{282+28.28\cos\theta_1}\right)$$

$$i_{12}=\frac{a_2+4ae\cos\theta_1+4e^2}{a_2-4e^2}=1.02$$

③齿轮结构的设计

已知 $m=8$，$\alpha=20°$，$z=35$。

选择齿轮的材料，类型和确定精度等级：

a. 根据工作环境及转速等因素考虑，查表选用直齿圆柱齿轮传动，压力角为 20°；

b. 成型机为一般机器，选择 7 级精度；

c. 选择材料：选择材料为 45 钢（调质），硬度为 280 HBS。

齿轮参数的计算

a. 分度圆直径

$$d=m\times z=8\times 35=280\ \text{mm}$$

b. 齿顶高

$$h_a=h_a^*\times m=8\ \text{mm}$$

c. 齿根高

$$h_f=(h_a^*+c^*)\times m=1.25\times 8=10\ (\text{mm})$$

d. 全齿高

$$h=h_a+h_f=18\ \text{mm}$$

e. 齿顶圆直径

$$d_a=d+2h_a=296\ \text{mm}$$

f. 齿根圆直径

$$d_f=d-2h_f=260\ \text{mm}$$

g. 齿厚

$$s=\frac{\pi m}{2}=12.56\ \text{mm}$$

h. 齿宽

$$b=(6\sim12)\ \text{mm},取\ b=10\ \text{mm}$$

i. 齿槽宽

$$e=\frac{\pi m}{2}=12.56\ \text{mm}$$

j. 齿距

$$p=\pi m=25.12\ \text{mm}$$

图 11-7 偏心齿轮建模

(7)连杆机构的设计

①自由度计算

设机构中活动构件数为 n,低副(转动副和移动副)数目为 P_{l},高副数为 P_{h},机构自由度为

$$F=3n-2P_{l}-P_{h}$$

由图 11-8 可以看出：构件 $n=6$，低副 $P_{\mathrm{l}}=8$，高副 $P_{\mathrm{h}}=1$。

自由度为 $F=3n-2P_{\mathrm{l}}-P_{\mathrm{h}}=3\times6-2\times8-1=1$。

因为机构的自由度 F 等于机构原动件数目，所以机构可以正常运动。

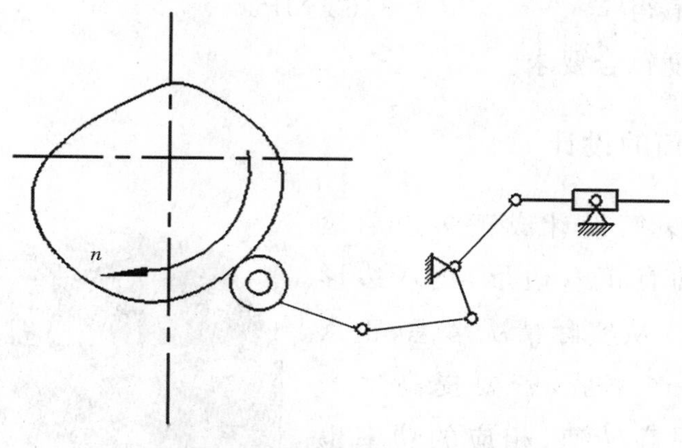

图 11-8　连杆机构示意图

②曲柄滑块机构设计

要求取模机构的工作行程为 420 mm，曲柄滑块机构的回转半径为

$$R=\frac{420}{2}=210\ \mathrm{mm}$$

为了保证秧盘成型机工作时可以使曲柄滑块以比较小的转矩 T 得到比较大的工作压力，为了使连杆的长度尽量长，可以将 λ 取值尽量小，连杆系数：

$$\lambda=\frac{R}{L}$$

式中：L——连杆长度，mm。

初选 $\lambda=0.27$，连杆长度：$L=\frac{R}{\lambda}=\frac{210}{0.27}=770(\mathrm{mm})$。

③连杆的校核

连杆选用的材料为 45 钢，查表得 $\sigma_b=650$ MPa。

工作过程中连杆受到的拉力等于连杆收到的工作阻力：$F\approx 5\ 000$ N

$$\sigma_b=\frac{F}{S}$$

其中 $S=\pi R^2=3.14\times(21\times10^{-3})^2=0.001\ 385$

代入数值得 $\sigma_b\approx 3.63$ MPa

所以连杆强度符合要求。

11.5.7 滚筒的设计

初步将滚筒设计成正多边形滚筒，可选择的有正六边形，正八边形和正十边形。从实际情况考虑，正六边形滚筒生产率低，若要提高生产率，必然要提高转速，相应的功率也会增大，对电动机要求就高；正十边形生产率高，但是对轴的负载相应的也会增加，功率消耗大，因此将滚筒设计成正八边形比较合适，结构如图11-9所示。

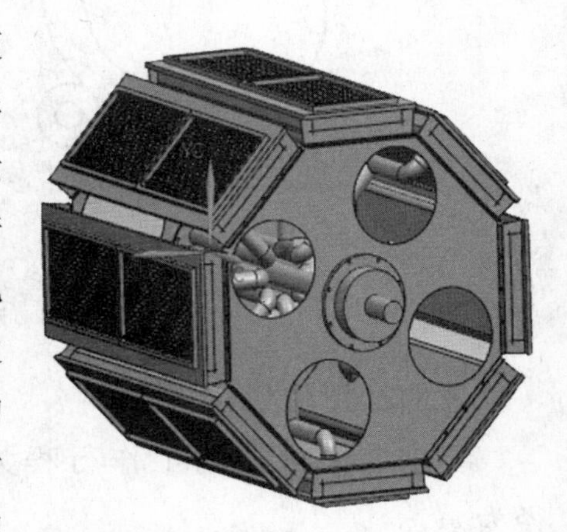

图 11-9 滚筒结构示意图

正八边形的滚筒每个面上有两个成型模具水平并列放置，如图11-10所示，初步确定滚筒半径 $R=580$ mm，长度 $L=1\ 500$ mm。

图 11-10 模具布置示意图

11.5.8　纸浆池的设计

(1)设计要求

纸浆池用于储存浆液,纸浆池的容积应该满足制浆一次满足秧盘生产 2 h,滚筒中心轴应满足模具能够浸入浆池液面,对浆液进行吸附,成型。

(2)设计过程

根据设计要求及滚筒尺寸,初步设定纸浆池宽度为 $b=1\ 800$ mm,纸浆池长度 a 和高度 h 可根据下面两个经验公式确定

$$a=(1.5\sim3.5)b$$

$$h=(0.6\sim0.8)b$$

式中:a——纸浆池长度,mm;

b——纸浆池宽度,mm;

h——纸浆池深度,mm。

经过计算得纸浆池长度 $a=2\ 700$ mm,纸浆池深度 $h=1\ 100$ mm。

11.6　运动仿真

在 UG 设计、建模、装配完成的基础上,通过添加一系列机构的驱动指令,使机构按照要求进行运转,来模拟实际运动过程。通过分析构件的运动规律,来研究构件在运动或者静止时的受力情况,最后通过试验分析数据处理来对机构进行进一步的优化设计的过程。

11.6.1　定义连杆机构

在 UG 仿真中,连杆是基本组成要素,定义连杆机构(图 11-11)主要有以下几个步骤:

(1)自动设置连杆属性,为选定的连杆分配一种材料,系统会自动

计算连杆的质量。

(2)如果设定连杆机构的密度设置不准确,可以进行手动设置连杆质量属性。

(3)设置完质量属性后设置连杆的初始移动速度和转动速度。

图 11-11 定义连杆机构

11.6.2 设置运动副

在 UG 运动仿真中,连杆具有不同的自由度(即一个连杆机构所具有的可以独立运动方向的数目)。在平面运动中,沿参考系 X 轴、Y 轴和 Z 轴各一个自由度,所以在平面中共有 3 个自由度;在空间运动中,沿空间参考系 X 轴、Y 轴和 Z 轴各有两个自由度,所以在空间参考系中共有 6 个自由度。

在机构中加入运动副的目的是要约束连杆之间的位置,约束连杆之间的相对运动方式。

在添加运动副时,要注意运动部件之间的约束关系,在运动机构已经达到约束要求的条件下,保证所添加的运动副不会与现有的约束发生冲突。如图 11-12 所示。

图 11-12　设置运动副

11.6.3　设置耦合副

在 UG 运动仿真中,需要对机构进行模拟实际运行,要在机构定义运动副之后添加“驱动”指令它是构件模拟运动时的动力来源,如果没有驱动,就没有办法进行仿真。如图 11-13 所示。

图 11-13　设置耦合副

11.6.4 解算方案

解算方案就是设置构件的分析条件,比如类型、时间、方案、重力等参数。在一个构件中,有很多解算方案,每个解算方案可以有不同的分析条件。

解算方案类型主要有常规驱动,铰链驱动,电子表格驱动。

(1)常规驱动:是一种常用的解算方案,运动形式基于时间的设置,使机构在特定的时间设置条件下按照指定的运动次数来进行运动。

(2)铰链驱动:运动形式基于位移的设置,使机构在特定的行进步长和位移条件下进行运动。

(3)电子表格驱动:是一种比较不常用的解算方案,是基于设置电子表格下进行运动。

在解算方案定义之后就可以导出机构运动,可以对输出的视频文件进行查看,然后可以根据构件的运动情况,轨迹进行进一步的改进,如图 11-14 所示。

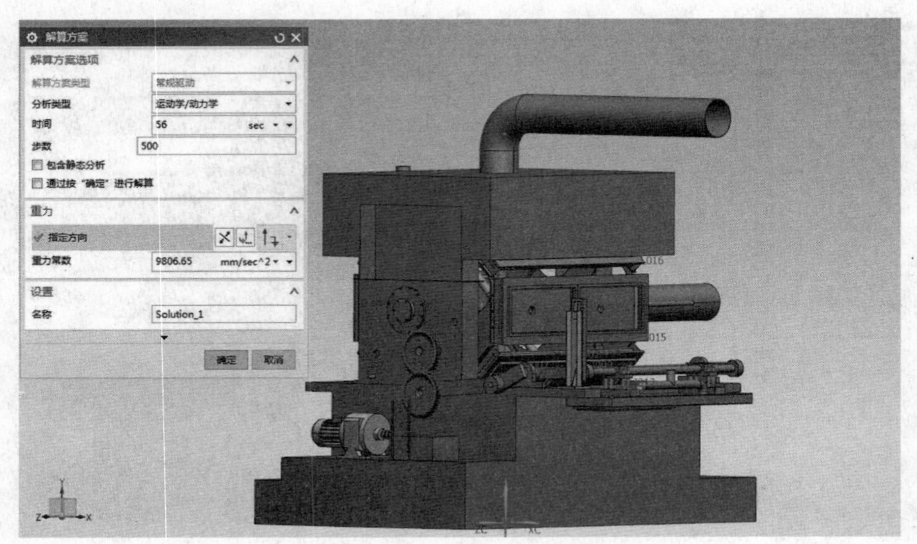

图 11-14 解算方案

11.7　气吸式真空成型秧盘生产线设计

在理论研究的基础上，进行成型模具的加工和组装，考虑到此成型方式制备的带钵移栽水稻秧盘是湿坯，根据生产线设计的准则，将烘干系统直接与成型系统组装成气吸式真空成型秧盘生产线，并试运行成功。秧盘生产效率极大提高，在生产线末端，工人可直接收取秧盘成品打捆包装，采取的快速烘干技术可以保证秧盘在短时间内不发生变形，打捆后对秧盘的定型可以起到很好的作用。秧盘成型系统如图 11-15 和秧盘成品如图 11-16 所示。

图 11-15　成型系统

图 11-16　秧盘成品

此成型工艺秧盘外观整齐，加工质量高，且由于特殊配方(由于秧盘配方参数尚未公开，涉及保密，在此对秧盘配方不予以介绍)较热模工艺和冷模工艺秧盘而言，具有一定的弹性，可适当弯曲而不会发生断裂(图 11-17)，这一特性是以植物纤维为原料制备育秧载体最难得的好性能，可以极大地降低秧盘运输和使用过程中的破损率，同时也可以增加与塑料秧盘的市场竞争力。

图 11-17 秧盘弯曲

11.8 本章小结

通过计算采用理论分析、仿真分析和试验研究相结合的方式对秧盘成型机进行分析，对成型机的成型方法进行了优化以及传动系统的设计，得出以下结论：

(1)通过理论分析计算对秧盘的宽度、最小横截面积，以及秧盘长度进行设计，得出秧盘尺寸的关键参数，秧盘整体尺寸为长为 595 mm，宽为 275 mm，穴孔数量为 612(18×34)穴。

(2)利用理论分析确定传动机构的设计方案，准确的计算出各机构的主要工作参数，采用槽轮机构来控制滚筒的间歇运动，保证取模机构有足够的取模时间；为了方便对成型机生产时的滚筒转速进行调节，安装一个变频器进行全程调速；对工作轴的设计采用空心轴与实心轴结合使用，采用焊接的方式进行连接，目的是为了降低整机质量，减少工作负荷，在降低扭矩同时保证强度条件符合要求。

(3)整机工作需要滚筒和取模机构的密切配合,在本设计中采用取模机构中的曲柄转角为参考做出滚筒和取模机构的配合循环图来保证两机构的准确配合。

(4)在基于理论分析的基础上采用 UG 建模来进行可行性分析,通过仿真设计来优化设计,由于本设计成型方式为气吸式成型,所以采用 ANSYS 中进行三因素五水平的流体力学仿真试验,以模具中气流的均匀性为评价指标,建立相应数学模型,确定模具最佳结构参数。

(5)依据理论设计,加工并组装成气吸式真空成型秧盘生产线,试运行优良,生产效率高,成品率高;破损的秧盘可以重新打碎回归原料继续使用,减少原料浪费;经育秧试验验证,秧苗长势优良,育秧期的秧盘性能符合农艺要求,此秧盘具有广阔的推广应用前景。

第12章 带钵移栽水稻秧盘应用示范情况及效益分析

在研究带钵移栽水稻秧盘制备的过程中，每年都将其进行水稻生产的试验示范，通过不断地制备技术更新和多年的水稻育秧应用示范，带钵移栽水稻秧盘的技术优势和产生的经济效益、社会效益和生态效益得到了充分地认可。

12.1 应用示范情况

以带钵移栽水稻秧盘为基础，配套相应的精量播种机和水稻栽植机组合而成水稻钵育机械化栽植技术，针对不同的水稻品种，进行了从北到南的大面积示范，北至黑龙江垦区的多个农场和黑龙江省内的多个水稻种植区，南到海南省三亚市的杂交水稻基地，累积示范面积达到了万亩以上。如：黑龙江省大庆市杜尔伯特蒙古族自治县江湾乡；黑龙江垦区的大兴农场、创业农场、七星农场、前锋农场、八五九农场、胜利农场、洪河农场、青龙山农场、二道河农场、五九七农场、友谊农场、云山农场、八五七农场、八五六农场、八五八农场、庆丰农场、双峰农场、二九〇农场、二九一农场、普阳农场、梧桐河农场、江滨农场、绥滨农场、查哈阳农场、肇源农场、庆阳农场；海南省三亚市杂交水稻基地，它是国家杂交水稻工程技术研究中心袁隆平院士与三亚弘盛元投资发展有限公司进行的合作项目，三亚弘盛元公司为国家杂交水稻工程技术研究中心提供 300 亩的试验土地，用于科研试验。

经过多年和多地域的试验示范，本技术与当前国内外同类技术在主要生产成本、产量和稻米品质进行相比较，技术优势如表 12-1、表 12-2 和表 12-3 所示。

表 12-1　与日本钵育摆栽技术对比

技术名称	钵盘成本/（元/亩）	栽植机/（万元/台）	播种机/（万元/台）	机具折旧/（元/亩）	稻草回收节约成本/（元/亩）	主要成本合计/（元/亩）	理论产量水平/（kg/亩）
带钵移栽水稻秧盘栽植技术	53	12	2	56	−50	59	750
日本树脂秧盘钵育摆栽技术	160	15	3	72	0	232	750

表 12-2　与国内常规水稻插秧技术对比

技术名称	钵盘成本/（元/亩）	省种费用/（元/亩）	栽植机/（万元/台）	播种机/（万元/台）	机具折旧/（元/亩）	稻草回收节约成本/（元/亩）	主要成本合计/（元/亩）	理论产量水平/（kg/亩）
带钵移栽水稻秧盘栽植技术	53	−8	12	2	56	−50	51	750
常规水稻插秧技术	160	0	12	0.5	50	0	56	600

注：带钵移栽水稻秧盘可以与常规水稻栽植机配套使用，无需配备专属栽植机。

表 12-3　稻米品质对比　　%

技术名称	外观品质		加工品质			营养品质		食味打分
	垩白率	垩白度	糙米率	精米率	整精米率	直链淀粉	粗蛋白	
带钵移栽水稻秧盘栽植技术	1.48	0.31	84.5	73.2	70.2	17.5	7.3	80
常规水稻插秧技术	1.51	0.35	83.2	73.1	68.5	17.8	7.1	78

注：水稻品种为垦鉴稻 6。

12.2　效益分析

12.2.1　经济效益

带钵移栽水稻秧盘及相关配套技术经过多年的试验示范推广，在节省水稻种子（用种量为常规量的 1/3）、主要生产成本投入（表 12-1、表 12-2）、稻米品质（可影响大米的销售价格）及水稻产量（保持稳产和增产）等方面，为水稻种植户带来了极大的直接经济效益。

带钵移栽水稻秧盘及相关配套技术还可以带来相应的间接经济效益，如：①带钵移栽水稻秧盘是以天然的水稻秸秆废弃物为生产原料，具体提供养分、保温和蓄水功能，可减少育秧过程中的育秧土和水分消耗，缓解育秧土匮乏和水资源短缺等严峻形势，节省了相关费用；②钵块移栽到水稻田后，秧盘降解可培肥地力和改善土壤结构，实现间接秸秆还田，降低肥料对土壤的负面影响及肥料投入费用；③ 利用水稻秸秆为原料，减少了秸秆处理费用，变废为宝并减少了焚烧安全隐患，避免了农民的财产损失等等。

12.2.2　社会效益

带钵移栽水稻秧盘及相关配套技术在获得明显经济效益的同时，

也产生了显著的社会效益。示范推广是一项综合的应用技术，该综合技术可以拉动相关行业的快速发展，如：机械加工行业、化工材料行业和生物技术行业，等等。每一年带钵移栽水稻秧盘的生产可以集中在秋收后和春播前的农事闲暇时段，在水稻种植密集地区建厂生产，既减少了秧盘的运输费用，又为农民提供了居家就近的额外工作机会，可帮助农民增加劳动收入。

12.2.3　生态效益

带钵移栽水稻秧盘从根本上解决了水稻秸秆的废弃再利用问题，避免了就地焚烧秸秆产生的浓烟浓雾对环境的污染问题。移栽后，带钵移栽水稻秧盘这些成分材料随着秧苗又重新回到土壤里，在土壤中经微生物分解形成有机物质，如氮、磷和钾等，能够增进土壤肥力和改善土壤结构。通过育秧试验观测，带钵移栽水稻秧盘在节水和省土方面的优势也十分明显，减少了水资源和土资源的开发利用。这些明显的生态效益也可以助力于带钵移栽水稻秧盘及相关配套技术在未来的推广应用。

参考文献

［1］ 农业部办公厅. 全国水稻生产机械化十年发展规划(2006—2015年)［M］. 北京:农办机［2006］24号，2006.

［2］ 路甬祥. 世界科技的发展趋势. 中国科技信息 2005 11B F003.

［3］ IRRI. Bringing Hope，Improving Lives-Strategic Plan 2007—2015. Manila：IRRI，2006.

［4］ 程式华*，胡培松. 中国水稻科技发展战略. 中国水稻科学，2008，22(3)：223～226.

［5］ Styer，R. C. and D. S. Koranski. 1997. Plug and transplant production：a grower's guide. Ball Publ.，Batavia，Ill.

［6］ 杨庚，等. 水稻抛秧栽培技术［M］. 北京：农业出版社，1994.

［7］ 高俊刚，李源勋. 高分子材料［M］. 北京：化学工业出版社，2002.

［8］ 唐星华. 木材用黏合剂［M］. 北京，化学工业出版社，2002，1～7.

［9］ 向琴. 稻草碎料板工艺的研究［D］. 株洲：中南林学院，2001.

［10］ 张立武. 水基黏合剂［M］. 北京，化学工业出版社，2001.

［11］ 杨德. 试验设计与分析［M］. 北京，中国农业出版社，2002：285～299.

［12］ 中国环氧树脂应用网.

［13］ 钱湘群. 秸秆切碎及压缩成型特性与设备研究［D］. 浙江：浙江大学，2003.

［14］ 程泽强，唐保军. 水稻塑料软盘旱育壮秧培育技术［J］. 农业科技

通讯，1999，11:9.
[15] 王吉祥. 水稻塑料软盘稀植旱育秧技术[J]. 山东农机，2000(2)：8～9.
[16] 相俊红. 农作物秸秆综合利用机械化技术推广研究[D]. 北京：中国农业大学，2005.
[17] 刘俊峰，易平贵，金一粟. 稻草、麦秆等农作物秸秆资料再利用研究[J]. 资源科学，2001，3(2)：46～48.
[18] 张桂兰，张宝恩，辛建国. 试述水稻育秧技术[J]. 农机化研究，2000，8(3)：115～116.
[19] 刘建胜. 我国秸秆资源分布及利用现状的分析[D]. 北京：中国农业大学，2005.
[20] 赵其斌. 浅议农作物秸秆综合利用技术[J]. 农业新天地，2000，5：40.
[21] 刘喜，陈亚琴. 应用保水剂培育水稻秧盘壮苗效果初报[J]. 中国农业通报，1999，15(1)：61.
[22] 郑晖. 全自动液压秧盘成型机[J]. 湖南农机，2001(4)：32.
[23] 闵桂根. 改革稻作农艺，推广塑料秧盘育秧抛栽[J]. 上海农业科技，1998，2：19～21.
[24] 花军，陆仁书，凌楠. 异氰酸酯胶麦秆刨花板施胶量的研究[J]. 林产工业，2000，28(5)：37～42.
[25] 陈恒高，汪春. 水稻植质钵育栽培技术的探讨[J]. 黑龙江八一农垦大学学报，2004，9(3)：38～41.
[26] 赵东，陈元春，郭康权. 模具结构对玉米秸秆粒杯形件成型的影响[J]. 木材工业，2002，16(3):20～22.
[27] 赵东，郭康权. 玉米秸秆粉粒体压制成型的力学分析[J]. 农机与食品机械，1998，253(1)：9～11.
[28] 刘晔，李求由. 对纸浆模塑餐具成型设备结构及性能的研究[J]. 哈尔滨商业大学学报，2001，12：73～75.

[29] 张六玲. 润滑剂对粉末制品模压成型的影响[J]. 模具工业，1997，198(8)：41～42.

[30] 程佩芝，赵东，张建中. 玉米秆碎料模压成型密度的试验研究[J]. 研究与探讨，2005，5：19～22.

[31] 程佩芝. 玉米秆碎料模压成型制品尺寸稳定性的研究[D]. 北京：北京林业大学，2005.

[32] 杨俊成，郭佩玉，夏建平. 秸秆开模压饼工艺的试验研究[J]. 农业工程学报，1997，13：125～129.

[33] 张卫平. 水稻旱育稀植规范化技术体系研究[D]. 杨凌：西北农林科技大学，2004.

[34] 茆诗松，周纪芗，陈颖. 试验设计[M]. 北京，中国统计出版社，2004：180～190.

[35] 张欣悦. 水稻植质钵育秧盘制备技术研究[D]. 黑龙江：黑龙江八一农垦大学工程学院，2010.

[36] 赵其斌. 浅议农作物秸秆综合利用技术[J]. 农业新天地，2000，5：40.

[37] 孙润仓. 秸秆在工业上的应用[J]. 中国农业科技导报，1999，1(3)：84.

[38] 潘承怡. 车用微米木纤维模压制品成型理论与握钉力计算方法研究[D]. 黑龙江哈尔滨:东北林业大学，2008.

[39] 陈志刚. 塑料模具设计[M]. 北京：机械工业出版社，2002.

[40] 李连华，门立杰，金鲲鹏. HJJ-80卧式饲料搅拌机的设计[J]. 农机化研究，2006，(7)：99～100.

[41] 邱仁辉. 纸浆模塑制品成型机理及过程控制的研究[D]. 黑龙江哈尔滨：东北林业大学，2002.

[42] 陈恒高. 水稻钵育机械化栽培技术研究[M]. 哈尔滨：东北林业大学出版社.

[43] 祝国虹，崔玉梅，刘正茂. 浅谈黑龙江垦区水稻栽植机械化发展

战略[J]. 现代化农业，2005，(7)：30.

[44] 程泽强，唐保军. 水稻塑料软盘旱育壮秧培育技术[J]. 农业科技通讯，1999，11：9.

[45] 王吉祥. 水稻塑料软盘稀植旱育秧技术[J]. 山东农机，2000(2)：8～9.

[46] 刘俊峰，易平贵，金一粟. 稻草、麦秆等农作物秸秆资料再利用研究[J]. 资源科学，2001，3(2)：46～48.

[47] 梁锐，苏运琳，李景，等. 浅谈水稻育秧软盘加工工艺的改进[J]. 现代农业装备，89～91.

[48] 杨龙寿. 水稻育秧盘抛秧技术[J]. 安徽农学通报，2006，12(6)：93～94.

[49] 郑丁科，李志伟. 水稻育秧软塑穴盘播种设备研究. 农机化研究，2002，11(4)：42～45.

[50] 于林惠. 机插水稻育秧技术[J]. 农机科技推广，2006，2：37～41.

[51] 周蓉，刘逸新，汤燕伟，等. 秸秆基质性能及其植物生长品质的测试与研究[J]. 产业用纺织品，2004，(12)：7～12.

[52] 牛盾. 改性稻草的制备及性能研究[D]. 辽宁沈阳：东北大学，2005.

[53] 刘洪凤，俞镇慌. 秸秆纤维性能[J]. 东华大学学报(自然科学版)，2002，28(2)：123～128.

[54] 韩学凤，张鹏，易欣欣. 农作物秸秆的综合利用[J]，北京农学院学报，2003，18(3)：226～230.

[55] 杨明金，杨玲，李庆东. Agricultural mechanization system of rice production of Japan and proposal for China[J]. 农业工程学报，2003，19(5)：77～82.

[56] 姚雄，杨文钰，任万军. 育秧方式与播种量对水稻机插长龄秧苗的影响[J]. 农业工程学报，2009，25(6)：152～157.

[57] 李群波. 浅谈模压压机加热系统的改造[J]. 热带农林工程，2000，(3)：20～23.

[58] 陈恒高，汪春，张吉军. 水稻植质钵育栽培技术的探讨[J]. 黑龙江八一农垦大学学报，2004，16(3)：38～41.

[59] 陈恒高，董晓威，张吉军. 水稻植质钵育秧盘的研制[J]. 现代化农业，2005，(9)：31～32.

[60] 周海波，马旭，姚亚利. 水稻秧盘育秧播种技术与装备的研究现状及发展趋势[J]. 农业工程学报，2008，24(4)：301～306.

[61] 杨子万，范云翔，孙廷琮. 空气整根营养钵育苗秧盘对培育水稻稀植大秧苗的影响[J]. 农业工程学报，1995，11(2)：65～69.

[62] 杨晓丽，那明君，李元强，等. 新型水稻钵体摆栽秧盘及秧盘注塑模具的设计[J]. 东北农业大学学报，2006，37(3)：370～372.

[63] 陈川，张山泉，庄春，等. 塑料秧盘底孔大小与数量对秧苗生长的影响[J]. 耕作与栽培，2005，(5)：45～46.

[64] 陈吉传，陈志良，杨杰，等. 水稻钵形毯状秧盘育苗的效果[J]. 农技服务，2009，26(1)：5～6.

[65] 李建萍. 植物纤维与废弃聚丙烯复合板材的制备[D]. 江苏南京：南京航空航天大学，2007.

[66] 周大鹏. 快速成型与耐热、高强度酚醛注塑料的制备技术及性能研究[D]. 浙江杭州：浙江大学，2005.

[67] 吴绍华，甘树坤. 搅拌设备结构设计的几个问题[J]. 化工科技，2002，10(2)：40～42.

[68] 王洪群，虞培清. 搅拌设计研究[J]. 传动与控制，2009，(9)：32～34.

[69] 张晓丹. 秸秆粉碎机的安全使用[J]. 新农村，2003，(10)：22.

[70] 胡跃华. 复合式搅拌器设计与探索[J]. 石化技术，2002，9(1)：43～45.

[71] 李耀斌. 带升降的搅拌器设计与应用[J]. 化工设备设计，1997，

34：22～23.

[72] 李永辉. 基于改性大豆蛋白胶黏剂的中密度纤维板制备及性能研究[D]. 浙江杭州：浙江大学，2007.

[73] 王军，朴载允，尹子康，等. 热压条件对纤维板力学性能的影响[J]. 吉林林业科技，1990，(2)：45～49.

[74] 刘建胜. 我国秸秆资源分布及利用现状的分析[D]. 北京：中国农业大学，2005.

[75] 雷隆和. 脲醛树脂及其应用[M]：148～166；80～86.

[76] 郑晖. 全自动液压秧盘成型机[J]. 湖南农机，2001(4)：32.

[77] 花军，陆仁书，凌楠. 异氰酸酯胶麦秆刨花板施胶量的研究[J]. 林产工业，2000，28(5)：37～42.

[78] 刘晔，李求由. 对纸浆模塑餐具成型设备结构及性能的研究[J]. 哈尔滨商业大学学报，2001，12：73～75.

[79] 张六玲. 润滑剂对粉末制品模压成型的影响[J]. 模具工业，1997，198(8)：41～42.

[80] 杨俊成，郭佩玉，夏建平. 秸秆开模压饼工艺的试验研究[J]. 农业工程学报，1998(2)：34～37.

[81] 高俊刚，李源勋. 高分子材料[M]. 北京：化学工业出版社，材料科学与工程出版中心，2002.

[82] 崔明元，柳金来，宋继娟，等. 水稻盘育苗覆土量对秧苗素质的影响[J]. 农业与技术，2004，24(5)：62～64.

[83] 杨春，桂凤仁，洪静，等. 水稻不同播量对秧苗素质及产量的影响[J]. 垦殖与稻作，2005，(4)：20～22.

[84] 路琴，吕少卉. 聚四氟乙烯的性能及其在机械工程中的应用[J]. 农机使用与维修，2006，(5)：60～62.

[85] Evelia Schettini，Gabriella Santagata，Mario Malinconico，Barbara Immirzi，Giacomo Scarascia Mugnozza，Giuliano Vox. Recycled wastes of tomato and hemp fibre for biodegradable pots.

Resources Conservation & Recycling 2013 (70): 9-19.

[86] Michael R. Evans, Douglas Karcher. Properties of plastic peat, and processed pourtral feather fiber growing containers. Hort Science 2004, 39(5): 1008-1011.

[87] Jie Chen, Tadashi Ito. Yutaka Shinohara, Toru Maruo. Effects of shape and depth of plug-tray cell on the growth and root circling in the Chinese cabbage transplants. Tech. Bull. Fac. Hort. Chiba Univ 2002, 56(9): 1-9.

[88] A. H. Di Benedetto, R. Klasman. The effect of plug cell volume on the post-transplant for impatiens walleriana pot plant. Europ. J. Hort Sci 2004, 69(2): 82-86.